致密砂岩储层预测与勘探

胡伟光　肖　伟　王　涛　编著

U0349999

中国石化出版社

内容提要

本书以四川盆地陆相致密砂岩储层预测的勘探实例为基础,系统阐述了致密砂岩储层预测的原理及详细的技术方法、应用实例。针对四川盆地陆相须二、须四段致密砂岩储层的预测,基于叠前或叠后地震资料、建模技术使用相关的技术方法分别进行计算,得到致密砂岩储层预测成果并进行分析、研究,探索及讨论其实用性、适用性;本书还总结了储层预测的关键点——对致密砂岩储层的空间分布信息、裂缝发育情况、构造应力场分析及含气性检测分步骤实施计算,并对所得到的预测结果进行综合分析研究,从而可以确定致密砂岩储层的分布区域及对勘探井或预探井的储层段进行评价。

本书可供全球各大石油公司从事致密砂岩储层或其他类型储层的勘探、开发、研究的人员参考,也可供高等院校石油地质、地球物理、石油工程等相关专业的师生参考使用。

图书在版编目(CIP)数据

致密砂岩储层预测与勘探／胡伟光,肖伟,王涛编著.
—北京:中国石化出版社,2016.7
ISBN 978－7－5114－4138－6

Ⅰ.①致… Ⅱ.①胡… ②肖… ③王… Ⅲ.①致密砂岩－砂岩储集层－研究 Ⅳ.①P618.130.2

中国版本图书馆 CIP 数据核字(2016)第 146763 号

中国石化出版社出版发行

地址:北京市东城区安定门外大街 58 号
邮编:100011　电话:(010)84271850
读者服务部电话:(010)84289974
http://www.sinopec-press.com
E-mail:press@ sinopec.com
北京富泰印刷有限责任公司印刷
全国各地新华书店经销

*

700×1000 毫米 16 开本 10.25 印张 175 千字
2016 年 7 月第 1 版　2016 年 7 月第 1 次印刷
定价:42.00 元

前　言

我国致密砂岩气资源量巨大，仅深盆气资源量就已超过$100 \times 10^{12} \mathrm{m}^3$，可采资源量超过$13.81 \times 10^{12} \mathrm{m}^3$，具有广阔的勘探前景。目前已发现的致密砂岩气储量主要分布在中部的四川盆地和鄂尔多斯盆地，以及东部的松辽盆地和西部的吐哈盆地。随着勘探程度的增加和勘探技术的提高，致密砂岩气将在天然气探明储量中所占的比例越来越高。

探讨致密砂岩储层的成因，其中成岩作用对储层的致密化起决定性作用，而沉积环境依然是控制致密砂岩储层形成的基本因素。总的来说，致密砂岩储层通常具有"多期河道、相带控砂、甜点富气、物性控产"的特点。此外，在研究致密砂岩储层"有效储渗体"的地震预测技术方面，现阶段的常规技术可分为两个步骤：一是砂岩储层精细地质建模，精细刻画出有利储层的发育相带；二是以综合地质模型为基础，以多尺度正演模拟为桥梁，研究及探索深层致密砂岩气藏的地震采集新技术和深层裂缝检测新技术以及含气性检测技术。

为了更好地指导及研究致密砂岩储层预测，应业内同行要求，我们组织了针对元坝、ybd地区的须二段及须四段的致密砂岩储层预测成果并进行分析研究，集成编著成书，探索、研究中国石化勘探分公司在这些地区油气勘探中的成功经验，期待对中国的油气储层预测、勘探实践具有指导和借鉴作用。

本书共分为 6 章，第一章为四川盆地陆相致密砂岩储层的分析，有助于读者了解相关致密砂岩储层的孔隙、裂缝发育特点。第二至第五章重点阐述致密砂岩储层预测的原理及实践操作、应用实例，利用成熟的商业软件分别对有关地区的致密砂岩储层段进行预测及成果展示。第六章是对致密砂岩储层预测的集成总结，结论可以给读者一些启示及思考。主要的认识和成果简述如下。

(1) 致密砂岩储层的沉积相分析相当关键，可为后续的储层预测提供大致的勘探区域。

(2) 沉积相分析可采用地震属性或波形进行地震相分类，并对这些地震相利用井上的沉积相进行标定分析，从而对地震相实施解释并转换到相关的沉积相上。

(3) 针对裂缝方向的预测，以构造应力场分析技术所计算的裂缝方向与井上的实测裂缝方向误差较小，其他裂缝预测技术所得的预测结果则与实测结果误差相对较大。

(4) 综合使用地震相分类、地震属性及叠后波阻抗反演技术、多参数降维技术及分频孔隙度反演技术的结果可得到致密砂岩储层的空间位置信息。

(5) 叠后高精度曲率、相干检测、叠前 P 波各向异性检测及基于模型的裂缝预测等裂缝预测技术各有优缺点，预测的裂缝规模及精确度各不相同。针对储层裂缝预测的数据输入，叠前地震资料要优于叠后地震资料，因为叠前地震资料包含更多的信息，如方位角、振幅、频率等信息，并且对于微型规模的裂缝探测使用叠前资料也要优于使用叠后地震资料所得到的结果。

(6) 从裂缝建模技术预测结果来看，在有成像测井资料约束的井上吻合结果较好，而无井约束的井点位置预测存在不确定性。因此，工区成像测井资料井的数量及分布、地震属性的准确度及约束条件等情况决定了裂缝建模技术的裂缝预测精度。

（7）通过对钻井产能与构造、沉积、岩性、物性、裂缝发育程度等的综合分析，认为致密砂岩储层预测需要对储层空间分布信息、裂缝预测、构造应力场分析、含气性检测4种技术所得的成果进行综合研究分析，从而确定致密砂岩储层的发育区域。

（8）针对提高地震资料的信噪比及分辨率可以对采集及处理进行技术攻关，使其得到的地震数据更好地为属性提取、反演、裂缝预测服务。

（9）针对致密砂岩储层的预测难点，可根据砂岩储层的岩石物理响应特征及相关数据体，按照去泥、岩屑砂中找钙屑砂、灰质砾岩储层，储层中找高孔隙好储层、高孔隙好储层评价其裂缝发育、含气性的思路实施储层预测评价。

本书是中国石化参与四川盆地内致密砂岩气勘探决策、评价研究和物探技术攻关的全体管理及技术人员智慧的结晶，从多年的储层预测研究成果中进行总结，在这项集体劳动成果集结出版的时候，笔者对上述参加人员表示衷心的感谢！也感谢为本书编撰辛勤付出的绘图人员。

由于现阶段的油气勘探进程较快，对相关的致密砂岩储层预测成果的分析、认识可能不足，并且本书成果集成总结的时间相对紧张，再加上作者水平有限，书中错误和分析不妥之处望读者不吝赐教。

目　录

1 概　论

　　随着油气勘探开发的不断深入和发展，常规的孔隙型油气田进入后期开发阶段，老油气田的勘探开发难度与日俱增，常规的剩余油气资源储量日益减少。油气资源的勘探方向由浅部转向深部、由常规转向非常规，致密气、煤层气、页岩气和致密油等非常规油气资源都显示出良好的勘探前景。比如致密气和页岩气的发展使美国天然气探明储量从 2002 年的 4.96×10^{12} m^3 增加到 2008 年的 6.86×10^{12} m^3，增幅超过 38%。中国在非常规油气资源的勘探开发取得了许多显著成绩，相继获得一系列重大发现（如四川盆地的焦石坝页岩气田），在我国油气勘探开发中扮演着越来越重要的角色。

　　在国外油气勘探方面，非常重视对低渗透致密砂岩裂缝性储层的研究。根据美联邦能源部的推测：在 2010 年之前，产自于裂缝性储层的天然气不到美国天然气总产量的 20%，但预测到了 21 世纪 30 年代，产自低渗透裂缝性储层的天然气将会占到美国天然气总产量的 50%。

　　国外对致密储层裂缝的研究从 20 世纪中叶开始，至今形成了丰富的理论知识和研究方法。如国外知名学者 Nelson 等对裂缝性储层的表征以及裂缝的形成机理等做了大量研究；90 年代，Price 提出裂缝的发育程度与岩石中的弹性应变能成正比；Murray 等以构造的结构特征为出发点，探讨了构造形变主曲率与裂缝发育的关系，并建立了裂缝性岩体的力学模型；1982 年，Masanobu Oda 将裂隙张量运用于各向异性裂隙岩体的孔隙性指数的研究中；1984 年，Narr 等提出在一定岩层厚度范围内，单组裂缝的平均间距与裂缝的岩层厚度比值呈线性关系。

　　在地球物理方面，根据地震波在介质中传播具有明显的方位各向异性理论，利用地震资料研究致密储层裂缝来预测致密储层中的裂缝发育带，并获得巨大的成功。另外，多波多分量地震被许多国内外石油公司和地球物理公司列为技术跟踪对象，并有相当多的成果见诸报道及相关学术论文、专利。例如 Perez、Lynn、Shbhashis、Malliek 等利用 P 波 AVO 梯度检测油藏中与裂缝有关的方位各向异性，并利用三维 P 波资料直接检测裂缝密度和定向预测裂缝分布带；1995 年，Bahorich 和 Farmer 首次提出地震相干技术，通过计算相邻地震道的相似性来检测地质目标体边缘；近年来，英国爱丁堡 EAP 研究室运用多分量地震资料来研究地层各向异性，在理论和实际应用方面对多分量地震勘探技术进行了深入研究。

在我国国内致密砂岩储层勘探成果方面，现阶段致密砂岩气年产量约占全国天然气总年产量的 20%，成为油气资源储量和产量增长的亮点。随着油气勘探开发技术的不断进步，我国陆续发现了苏里格、广安、元坝等大型致密气田，油气产量和储量显著增长。其中，苏里格气田探明天然气地质储量约为 $2.85 \times 10^{12} \mathrm{m}^3$，四川盆地中部地区须家河组探明天然气地质储量约为 $0.5 \times 10^{12} \mathrm{m}^3$，天然气勘探开发潜力巨大。

图 1-1　川东北旺苍县鼓城乡某景区内砂岩中沿层理裂缝面渗出的原油油渍

大量的勘探资料表明，四川盆地东北部元坝及 ybd 地区的陆相储集层段均表现出低孔、低渗的特征，储集空间以裂缝和溶蚀孔隙为主，裂缝对有效储集层的形成具有关键作用——裂缝在致密砂岩储层中既是储集空间（图 1-1），也是流体的渗流通道，对裂缝的研究是裂缝性油气藏勘探开发的重中之重。

通过已有研究工作和勘探实践表明，元坝地区上三叠统须家河组 - 下侏罗统发育多套层系的储层，须家河组二段、三段、四段和自流井组珍珠冲段发育多套砂层组。受物源的控制，主力储层在元坝、ybd 地区的分布略有差异，元坝地区西部以须二段、须三段储层为主，如 yb22 井在须二段致密砂岩储层的油气测试结果为 $20.56 \times 10^4 \mathrm{m}^3/\mathrm{d}$；而元坝中部和东部则以须四段和珍珠冲段储层为主，如 yb3 井在须四段致密砂岩储层的油气测试结果为 $22.83 \times 10^4 \mathrm{m}^3/\mathrm{d}$。大量的生产实践证明，元坝地区主力陆相砂岩储层为低孔、低渗的致密储集层，基质孔隙度不高，裂缝相对发育，为典型的"孔隙 + 裂缝"型双重介质储层。勘探实践表明，如果储层孔隙不发育但裂缝发育，油气井的初期产量则较高，但是产能衰减很快。因此，天然气井的高产和稳产需要储集层裂缝、孔隙的匹配，叠合了"裂缝 + 孔隙"系统的有效储层的分布区才是油气富集高产的有利区域。因此，对致密砂岩储层裂缝和孔隙分布区域的研究成为现今陆相油气勘探工作的重中之重。

元坝气田陆相须家河组二段埋深一般约在 4000 ~ 5500m 范围(属于深层致密砂岩范畴)，该段有利储层岩性主要为岩屑砂岩、岩屑石英砂岩、长石岩屑(或岩屑长石)石英砂岩、钙屑砂岩和砾岩等。一些钻井岩心铸体薄片反映须二段储层的孔隙空间中原生孔隙遭受破坏，剩下的孔隙类型主要为次生孔隙。储层基质物性较差，一般孔隙度小于 8%，平均为 5.8%；基质渗透率很低，多数低于 $0.5 \times 10^{-3} \mu m^2$，平均为 $0.2299 \times 10^{-3} \mu m^2$，属于低孔、低渗的孔隙型储层，储层局部发育裂缝。当储层中发育裂缝时，渗透率则急剧增加。

元坝气田北部的九龙山构造(中石油)针对须二段砂岩储层取心共计 7 口井，进尺约为 584.63m，岩心收获率为 99.62%。钻井资料表明该层段的裂缝类型较全，有张性缝、剪切缝、溶蚀缝及微裂缝等，其中张性缝占 33%、半充填缝占61.8%。裂缝分布具有"占高点、沿长轴、沿高曲率、沿断层"的特点，其中龙 4井、龙 12 井、龙 13 井处于裂缝发育带，发育多种类型裂缝，这些裂缝对于改善超致密储层的储集性能起到重要的作用，因此获得高产工业气流；同样位于构造部位的龙 5 井、龙 7 井、龙 8 井及龙 10 井由于裂缝不发育，未获工业气流。可见在须二段致密砂岩中寻找裂缝发育带是寻找该储层段油气聚集带的一个关键因素。

1.1 砂岩储层特征

四川盆内地层发育相对较全，沉积了自元古界至新生界共计 10 个层系的地层。自下而上分别为上震旦统、寒武系、奥陶系、志留系、石炭系、二叠系、三叠系、侏罗系、白垩系、第四系，进一步详细划分为 30 个组级地层单元。其中，上三叠统—第四系为陆相沉积，沉积岩岩性以砂岩、泥质岩为主(第四系未成岩)；中三叠统—上震旦统为海相沉积，沉积岩性以碳酸盐岩、泥页岩及砂岩为主。

元坝气田陆相须家河组地层厚度约为 397.5 ~ 731m，按岩性可分为 5 段，自上而下为须五段、须四段、须三段、须二段和须一段(表 1-1)。川东北地区须家河组顶部因"印支晚幕运动"影响，侵蚀明显，元坝气田缺失须六段及部分须五段地层，其中一、三、五段以泥岩为主，二、四段以砂岩为主。元坝气田须家河组整体上由东向西、从南向北呈增厚的趋势，其中在西北部须家河组地层厚度最大。现在对须家河组地层自上而下详细描述如下。

表1-1 川东北元坝陆相气田地层简表

系	统	组	段	厚度/m	层位代号	岩性概述	岩相特征
白垩系	下统	剑门关组		0~680	$K_1 j$	棕红色、灰色泥岩与黄灰、棕、灰色细砂岩、粉砂岩不等厚互层	冲积扇-湖泊-三角洲相
侏罗系	上统	蓬莱镇组		1000~1400	$J_3 p$	棕灰、棕红色泥岩与棕灰、紫灰色长石岩屑砂岩	浅湖与河流相
		遂宁组		300~350	$J_3 s$	棕、紫棕、棕红色泥岩和粉砂质泥岩为主,夹棕灰粉砂岩、泥质粉砂岩	三角洲-湖泊相
	中统	上沙溪庙组		800~1680	$J_2 s$	棕紫色泥岩与灰、灰绿色岩屑长石石英砂岩	河流-三角洲-湖泊相
		下沙溪庙组		100~650	$J_2 x$	紫红、暗紫红、棕紫色泥岩、粉砂质泥岩与浅灰、灰绿色细砂岩不等厚互层	
		千佛崖组		200~500	$J_2 q$	绿灰色泥岩与浅灰色细-中粒岩屑砂岩夹黑色页岩	河流与湖泊相
	下统	自流井组		340~610	$J_1 z$	灰色灰绿色泥岩、岩屑砂岩及黑色页岩、顶有介壳灰岩	三角洲-湖泊-冲积扇相
三叠系	上统	须家河组	五段	0~140	$T_3 x^5$	为灰色细砂岩、粉砂岩、中砂岩与灰-深灰色泥岩不等厚互层	湖泊沼泽
			四段	0~145	$T_3 x^4$	灰色块状中粒富岩屑砂岩、灰白色、深灰色砾岩为主,夹灰色泥质粉砂岩、灰黑色页岩及煤线	三角洲
			三段	27.5~285	$T_3 x^3$	深灰色、灰色泥岩、粉砂质泥岩为主,夹灰色细砂岩、砾岩、砂砾岩、粉砂岩、黑色碳质泥岩及煤层	三角洲与湖泊

系	统	组	段	厚度/m	层位代号	岩性概述	岩相特征
三叠系	上统	须家河组	二段	132～335	T_3x^2	上部和下部为浅灰色厚层中、细砂岩夹薄层深灰色泥岩，中部为灰-深灰色泥岩夹细砂岩	三角洲与湖泊
			一段	24～138	T_3x^1	灰色粉砂岩、泥质粉砂岩、浅灰色细砂岩与深灰色粉砂质泥岩、泥岩互层，底为灰色厚层细砂岩	潮控三角洲
	中统	雷口坡组	四段	113～336	T_2l^4	上部灰-深灰色灰质云岩、白云岩、灰岩，局部含砂屑白云岩；下部为膏岩与白云岩的互层，夹含泥灰岩，底部主要为泥晶灰岩夹白云岩和石膏岩	局限-蒸发台地

(1) 须五段：岩性主要为深灰色泥岩、灰黑色碳质泥页岩、煤层夹岩屑砂岩，主要为滨浅湖相沉积，厚度为 0～140m，是川东北地区重要的煤系地层和烃源岩系地层之一。须五段上覆地层为下侏罗统自流井组珍珠冲段厚层砾岩，二者为不整合接触。

(2) 须四段：岩性以灰色块状中粒富岩屑砂岩为主，灰白色、深灰色砾岩夹灰色泥质粉砂岩、灰黑色页岩及煤线，厚度为 0～145m，主要为辫状河三角洲沉积。

(3) 须三段：按岩性组合可细分为上、中、下 3 个亚段，厚度为 27.5～285m，总体表现为砂岩和泥岩互层的特征。须三上亚段岩石类型主要为深灰色泥岩、泥质粉砂岩夹厚层钙屑砂砾岩、钙屑砂岩、岩屑砂岩，厚度为 12～89m，自西北向南东方向，地层厚度变薄，岩性变细，主要为辫状河三角洲平原沉积；须三中亚段为深灰色泥岩、泥质粉砂岩夹厚层钙屑砂岩、岩屑砂岩，少量钙屑砂砾岩，厚度为 34～148m，自西北向南东地层厚度变薄，为辫状河三角洲前缘沉积；下亚段岩性相对较细，主要为深灰色、灰色厚层泥岩和泥质粉砂岩，部分地区发育薄层钙屑砂岩及岩屑砂岩，厚度为 6～118m，为辫状河三角洲前缘沉积。元坝气田须三段地层自西向东、自北向南呈变薄的趋势。

（4）须二段：按岩性分为上、中、下3个亚段，厚度为132～335m，为砂－泥－砂地层组合模式。上亚段和中亚段发育厚层－块状中粒、细粒岩屑砂岩、岩屑石英砂岩、石英岩屑砂岩，为辫状河三角洲前缘沉积，中亚段发育深灰色泥岩、粉砂质泥岩夹薄层细砂岩及少量煤线，为滨浅湖相沉积。

（5）须一段：厚度为24～138m，岩性主要为深灰色、灰黑色泥岩和碳质泥岩夹粉砂岩、细砂岩，主要为潮控三角洲前缘沉积。须一段下部地层与中三叠统雷口坡组海相碳酸盐岩地层为不整合接触。

对元坝地区的岩屑薄片鉴定结果表明，须二段除顶部发育一套约20m厚的中－细粒石英砂岩外，岩性主要为中－粗粒岩屑砂岩。其中，石英砂岩中的石英含量约占80%～85%，阴极发光数据表明其母源都来自变质岩，其余成分为变质岩石岩屑和填隙物。其磨圆度较好，分选极好，岩石的结构成熟度和成分成熟度均较高，表明沉积颗粒经过稳定能量的反复筛选、淘洗。而岩屑砂岩（图1-2）中石英含量约为30%～40%，长石含量约为10%，主要为钾长石，极少量斜长石；岩屑以变质岩为主，含量约为13%～15%，多为变质石英岩；沉积岩岩屑含量约为10%，但由于取样深度不同局部可高达38%，主要为白云岩或灰岩；岩浆岩岩屑含量不超过5%。总体粒度较粗，分选中等—较好，磨圆大多较差，以次棱角为主。胶结类型主要为孔隙式胶结，填隙物是以绿泥石、黏土或高岭土的杂基和白云石或硅质为主的胶结物。岩石的结构成熟度和成分成熟度均较低，表明颗粒具有快速沉积的特点。

图1-2　yb3井、yb4井井中须二段部分岩屑砂岩薄片（×50）

1) 须二段砂岩特征

元坝地区须二段砂岩储层主要发育于下砂体顶部、底部及上砂体顶部，厚度差异较大，为 5 ~ 15m 不等，沉积相为三角洲前缘水下分支河道。

（1）岩性特征。以中粒岩屑砂岩为主，其次为岩屑石英砂岩。岩屑砂岩主要分布于上砂体，岩屑石英砂岩主要分布于下砂体。砂岩成分以石英为主（含量为 60% ~ 75%），岩屑约占 25% ~ 30%，长石约占 1% ~ 5%，偶见水云母、锆石等，中粒为主，粗粒、细粒少量，分选好 - 中等，次棱角状，钙质孔隙式胶结。岩屑成分以沉积岩为主，变质岩和火成岩少量。岩石中长石含量偏低，往往低于 5%。

（2）电性及物性特征。须家河组砂岩储层电性特征主要表现为：无明显的扩缩径；自然电位略具负异常特征；自然伽马值较低，多呈箱状，一般为 40 ~ 70API，说明该储层段岩性相对不纯，含一定量泥质；3 条孔隙度曲线（AC、DEN、CNL）略具"挖掘效应"，声波时差主要在 60.0 ~ 70.0μs/ft 之间，密度值在 2.40 ~ 2.65g/cm³ 之间，补偿中子值在 4% ~ 12%；电阻率曲线为中低值齿化箱状，一般为 40 ~ 300Ω·m，深浅侧向之间有弱正幅度差（图 1-3）。

2) 须四段砂岩特征

须四段砂岩储层主要分布于须四段下部，有利沉积相带为三角洲前缘水下分支河道。

（1）岩性特征。元坝研究区东部主要为中粒富岩屑砂岩，西部主要为砂砾岩，在岩石中不同程度地分布少量砾石。详细分述如下。

①岩屑砂岩：成分中石英约占 45%，岩屑约占 50%，长石约为 5%，偶见云母、锆石等，细粒为主，粉粒少量，分选中等，次棱角状，钙质孔隙式胶结，偶见少量溶孔。

②砂砾岩：砾石约占 10% ~ 50%，砂岩约占 20% ~ 70%，以燧石砾为主，石英砾次之，细砾为主；砂岩成分主要为中粒岩屑砂岩。含砾少者为含砾中砂岩。

（2）电性及物性特征。须四段电性特征与须二段基本相似（图 1-4），含气响应特征表现为"较高声波时差、低密度"。

3) 致密砂岩储层特征

根据 yb1 井与川西须家河组储层段电性及含气响应特征对比，yb1 井须四段、须二段储层电性特征与川西基本雷同，均具有较高声波时差、低密度的特点，略具"挖掘效应"，差异较大的地方为元坝地区声波时差相对较低。

根据 yb1 井、yb2 井、yb3 井的镜下薄片观察，结合测井资料分析，须家河组储层主要发育残余粒间孔、粒间－粒内溶孔及裂缝等储集空间类型。其中，yb1井、yb3井镜下面孔率达1%~5%，yb2井岩屑孔隙度分析结果显示须家河组孔隙度位于2.69%~13.65%之间，平均孔隙度约为5.63%，其中孔隙度在4%~6%的样品约占50%，测井解释孔隙度约为5%~7%，含水饱和度约为44%。

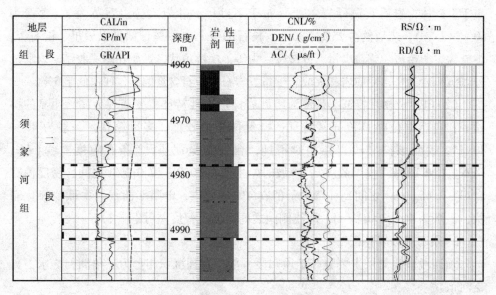

图1－3　yb1井须家河组二段储层测井特征示意图(虚线框内为储层位置)

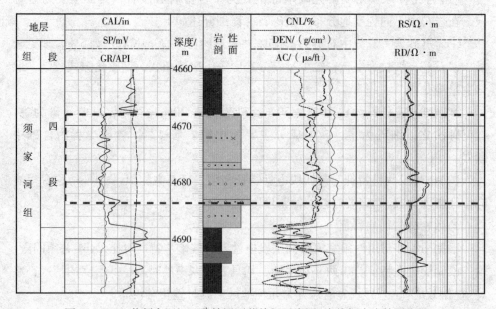

图1－4　yb1井须家河组四段储层测井特征示意图(虚线框内为储层位置)

根据测井解释和镜下观察(图1-5、图1-6),须四段物性较须二段好,镜下面孔率达1%～5%,测井解释孔隙度为4.3%,含水饱和度约为43.1%。

须四段经历的成岩作用与须二段基本相同,但压实作用相对较弱,使得部分原生孔隙得以保存,以及有利于产生后期溶蚀作用的酸性液体进入,产生少量溶蚀孔隙,进一步改善储集空间。

图1-5 yb104井须家河组四段钙屑粗砂岩粒间、粒内溶孔(井深4317m)

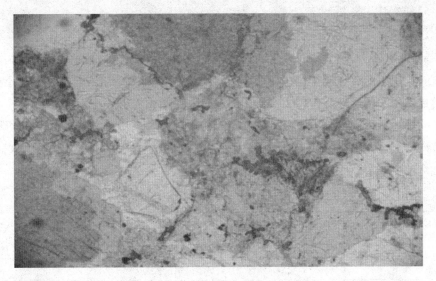

图1-6 yl26井须家河组四段石英砂砾岩、黏土杂基微孔(井深4290.98m)

根据镜下薄片观察，结合测井评价及区域研究成果，yb1 井须家河组须四段储层主要发育残余粒间孔、粒间－粒内溶孔、晶间溶孔及微裂缝、构造缝等储集空间类型。

总的来说，元坝中部须家河组储层岩性主要是中－细粒岩屑砂岩、石英砂岩及粉砂岩为主，其沉积环境主要以湖泊－三角洲沉积体系为主。储层孔隙度分布范围为 0.61% ~6.88%，孔隙度平均值为 2.46%，主要的分布区间为 0 ~ 4%；渗透率分布范围为 0.0012×10^{-3} ~26.0086 × 10^{-3} μm^2，渗透率平均值为 0.2944×10^{-3} μm^2，主要分布区间为 0.01×10^{-3} ~0.1 × 10^{-3} μm^2，储层属低孔－低渗储层，储集空间主要以残余粒间孔、粒间溶孔、粒内溶孔、裂缝为主。

4）砂岩储层含油气性特征

对综合录井、测井及测试资料进行评价可知，yb1 井、yb2 井、yb3 井、yb4 井、yb5 井须二段砂体中钻遇不同级别气显示，其中以 yb1 井须二段底部 4972.00 ~4988.00m 井段气测显示较好，解释为含气层，在 1.50g/cm³ 左右泥浆密度下，槽面气泡约占 10% ~30%，气测全烃约占为 30% ~78.60%，后效显示明显；测井解释亦具有含气特征，针对井中须二段 4965.00 ~5000.00m 进行常规和压裂联作测试，分别获气产量为 311m³/d 和 1150m³/d，天然气相对密度为 0.5631，测试评价为非工业气层。

5）成岩作用分析

根据薄片观察及 X－射线衍射分析结果，元坝研究区须家河组储层经历了多种成岩作用（表 1-2），对储层物性改造产生重大影响。一般情况下，降低孔隙度的成岩作用主要有压实作用、压溶作用和胶结作用，增大孔隙度的成岩作用主要有溶蚀作用和构造破裂作用，交代作用对孔隙度影响较小。

元坝地区须家河组主要以破坏性的成岩作用为主，强烈的压实作用是区内各段碎屑岩储层孔隙丧失的主要原因（图 1-7）。此外，长石的黏土化也是本区储层被破坏的一个重要原因。

表1-2　须家河组砂岩储层主要成岩作用及对储层的影响程度

成岩作用类型	主要成岩变化	对储层的影响度
压实作用	柔性颗粒的变形，刚性颗粒的破裂，颗粒紧密接触	显著
压溶作用	颗粒的凹凸镶嵌接触和缝合接触	

续表

成岩作用 类型		主要成岩变化	对储层的 影响度
胶 结 作 用	硅质	石英次生加大和充填孔隙的自生石英	中等
	碳酸盐	主要为方解石，少量为铁方解石、白云石和菱铁矿，充填孔隙，交代颗粒	
	自生黏土	主要为绿泥石，其次为伊利石和少量高岭石	
	硫化物	少量为莓球状黄铁矿和结核状黄铁矿	微弱
交代作用		主要为长石的绢云母化、方解石化，石英、岩屑的方解石化	显著
构造破裂作用		形成裂缝和微裂缝，能增加孔隙的连通性	微弱
溶蚀作用		主要为溶蚀方解石化颗粒	

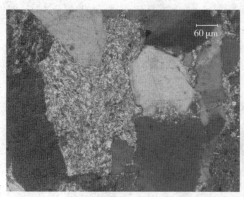

（a）ss1井须二段长石颗粒绢云母化　　　　（b）yb1井须二段岩屑颗粒呈凹凸接触

图1-7　须家河组砂岩岩石颗粒压实特征照片

　　压溶作用主要通过固体－溶液之间的物质平衡来完成，它不仅引起石英颗粒的体积减小，颗粒接触更加紧密，而且压溶组分 SiO_2 还会作为胶结物沉淀下来，进一步降低孔隙。须家河组砂岩储层常见的压溶现象有石英颗粒的凹凸镶嵌接触及缝合状接触，多见的石英加大及自生石英充填可能与压溶作用有关。

　　胶结作用是指形成于碎屑颗粒的粒间孔中，用以支撑和黏结颗粒的矿物沉淀作用，它是储层孔隙度降低的又一主要成岩作用。元坝地区须家河组砂岩储层发生多期胶结作用（图1-8），主要表现为次生加大现象和充填残余粒间孔等，常见的胶结物有硅质、碳酸盐和黏土矿物等。

　　溶蚀作用是决定须家河组储层物性好坏的又一关键因素，它能形成次生孔

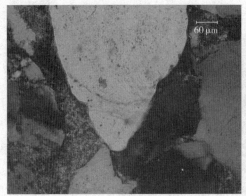
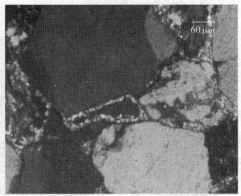

（a）ss1井须二段石英次生加大　　　　　　　（b）yb1井须二段石英充填残余孔隙

图1-8　须家河组砂岩储层胶结作用特征照片

隙，对改善储层物性起到积极作用。但根据镜下观察结果认为，元坝研究区处于山前带，是一个富含变质岩屑、蚀变长石等塑性颗粒、且颗粒成熟度低、压实程度强的区域，沉积物快速堆积，强烈的压实作用使得孔隙在早成岩阶段就已经基本损失殆尽，后期酸性水缺乏流动的空间。因此，元坝研究区溶蚀作用不发育，偶见方解石化的颗粒内有少量粒内溶孔（图1-9）。

（a）yb1井须二段残余粒间溶孔　　　　　　　（b）yb2井须二段蚀变长石溶孔

图1-9　须家河组砂岩储层溶蚀作用特征照片

6）储集空间特征

根据镜下薄片观察，结合测井评价及区域研究成果，发现 yb1 井须家河组须四段、须二段储层发育残余粒间孔、粒间－粒内溶孔及微裂缝、构造缝等储集空间类型。其中，残余粒间孔主要发育于须二段，由于强烈压实作用，使大部分原生孔隙消失殆尽，但由于砂岩颗粒分选性较好，局部仍残留少量粒间孔，该类孔隙较孤立，连通性较差；粒间－粒内溶孔主要发育于须四段及须二段上部，是须家河组砂岩储层重要的储集空间。初步研究认为，由于砂岩中含有一定量的易溶矿物成分，在成岩晚期，由于酸性流体的溶解作用，使易溶矿物、早期粒间孔进一步溶解和扩大、相互沟通，形成较有利的油气储集空间。

根据岩屑薄片观察和常规测井曲线分析，须家河组砂岩储层仍发育少量微裂缝和层间缝，主要分布于须二段及须四段，与川西陆相砂岩储层相比，裂缝规模相对较小。尽管如此，裂缝对改善储层物性、提高油气产能起着重要作用。

1.2　砂岩裂缝特征

近年来四川盆地探区的针对海相和陆相油气勘探的大量钻井资料证实，如果储层中存在裂缝，裂缝往往对储层具有沟通作用，可以提高钻井的油气产能，并利于后续的工业压裂。因此，针对储层的裂缝进行预测及研究，确定储层中的有利裂缝发育带，对油气勘探具有重要的意义。

四川盆地及其周边造山带经历了多期复杂的构造叠加与改造，现今地表构造分布的一个显著特点是周缘造山带围绕四川地块的边缘分布。盆地边缘的造山带经历了印支期板块俯冲、碰撞造山和燕山－喜山期陆内造山两次大的造山过程。

这两次造山作用在盆地边缘乃至盆地内部，形成一系列大小不一、规模不等的褶皱。这些褶皱长一般在几千米到几十千米，少数可达几百千米。在褶皱内常伴生纵向逆断层，褶皱翼部的层面上常具有与逆断层面上擦痕相似的层间滑脱面擦痕，层间小褶皱的轴面均倒向褶皱的主轴面，说明这些褶皱均是受水平挤压而形成的纵弯褶皱。通过不整合面、不同方向构造的交切复合关系等分析，筛分出三期构造，即印支期、燕山期、喜山期，从而为恢复四川盆地应力场提供了可能和基础。

这些造山运动及应力场的分布形态对盆地内储层裂缝的形成影响巨大，并可能造成储层内裂缝发育的强弱变化。如离盆缘较近的普光及礁石坝地区则断裂相对发育，断层延伸相对较远，而由此所伴生的中、小型裂缝也发育；而离盆缘相对较远的元坝地区，则在陆相须家河组地层中发育高陡断裂带，但断裂带往往延伸不远，而其海相的长兴组地层中断裂则不发育或没有断层。

1）印支期构造应力场

印支期区域构造应力场受盆地边缘造山带的控制，呈现四周向盆地的挤压应力状态。西北侧龙门山一带，由于松潘－甘孜海槽关闭，造成龙门山自北西向南东的逆冲推覆。应力场方向为北西—南东向,主压应力方向为自北西向南东挤压。北侧米仓山,秦岭勉略小洋盆俯冲关闭,秦岭褶皱隆升,产生自北向南的挤压应力场,主应力方向由北向南的挤压。北东侧大巴山,秦岭板块与扬子板块的俯冲、碰撞,使北大巴山褶皱隆升,逆冲推覆,形成北西向褶皱、冲断带,应力场方向为北东—南西向,主压应力是自北东向南西的挤压。川东南主要受到雪峰山造山带隆起的影响,产生南东—北西向应力场,主压应力主要为自南东向北西挤压。印支运动的中、晚期,秦岭造山带东西向右行剪切造山。

在上述边缘造山带区域应力场背景下,川东北盆地内部应力场状态围绕周缘造山带大体可以三分:①川东达县—万县一带,位于雪峰山逆冲推覆构造的前缘,形成呈北东向分布的滑覆褶皱与断裂构造,局部应力场主要为北西—南东向挤压。②大巴山前缘的通江、南江、巴中地区一带,由于印支期北大巴山的逆冲推覆,在其推覆前缘地带产生滑覆构造,形成一系列以奥陶系厚层灰岩为底板,以志留系页岩为主滑脱层的滑脱褶皱、断裂构造(图1-10、图1-11)。褶皱的主方向为北西向,卷入地层主要为志留系—三叠系,其指示的局部应力方向为北东—南西向,主要是自北东向南西的挤压。③米仓山一带,受南北向区域应力场影响,形成近东西向短轴背向斜构造,主要应力为近南北向挤压。

图1-10 川东北旺苍县鼓城乡某景区内 志留系页岩中的断裂与裂缝伴生

图1-11 川东北旺苍县鼓城乡某景区内 志留系页岩中发育的断裂带

2)晚燕山-早喜山期构造应力场

燕山晚期是发生陆内造山作用阶段。在这个时期,区域构造应力场具有继承性,仍是从盆地周缘造山带向盆内的挤压作用,包括米仓山在内的汉中地块向北挤入秦岭造山带,产生南北向挤压应力,致使米仓山进一步隆升。南秦岭此时再次右行剪切褶皱和上升。大巴山一带遭受自北东向南西的挤压,在西有米仓山 -

望江山穹隆向北的挤入、东有黄陵地块的阻挡情况下，沿盖层多层滑脱而发生逆冲推覆作用，形成向西南突出的弧形构造。川东则主要以北西－南东向应力场为主，在南东向挤压应力作用下，盖层发生多层次滑脱，形成向北西突出的弧形构造。

喜山早期，应力场与前两期相比，发生了较大变化，主要以北西－南东向区域挤压应力场为主。在这种应力场背景下，四川盆地形成一系列北东向宽缓褶皱。此期间，大巴山构造不再活动，主要是受到北东向构造的改造。米仓山构造东端横跨在大巴山近南北向推覆构造上，致使大巴山南北向构造得到抬升。米仓山隆起南缘扬起端叠加在大巴山推覆前缘北西向变形带上，导致从扬起端向向斜核部方向、北西褶皱带侏罗系分布范围由小变大、由短轴背向斜向线形褶皱的变化。

3）喜山晚期构造应力场

喜山晚期是川东北构造的最终定型期。此期的区域应力场分布与喜山早期相反，主要为北东—南西向，但其应力大小及分布范围较之早期要小得多。盆地周缘造山带的龙门山、川东褶皱带等构造活动不明显，仅大巴山构造表现出强烈活动。它继续发生向盆地的仰冲作用，并叠加在印支期、燕山期所形成的弧形构造带上，使之得到增强。该期应力场的范围仅限于与大巴山弧形构造带及与之紧密相邻的盆地边缘，如通江、南江、巴中地区和达县—宣汉地区。在这些地区，由于北东—南西向挤压应力场的作用，形成一系列叠加在早期北东向构造之上的并对其进行改造的北西走向的褶皱与断裂。

1.2.1 裂缝发育特征

通过近年来的油气勘探，元坝地区在海相深层、陆相中浅层两大领域都取得了油气勘探的大突破，其中元坝中浅层在雷口坡组雷四段，须家河组须二、三、四段，自流井组珍珠冲段、大安寨段、千佛崖组7套层系多口钻井经测试获工业油气流，展示了良好的油气勘探前景，总体上具有多层系叠合连片、整体含气、总体低产、局部富集高产的特点，但从目前的试油气成果来看，单井产能变化较大，具有"沉积相带控藏、裂缝控产"的特点。

元坝地区须家河组二段油气勘探潜力相对较大，通过对须二段裂缝延伸进行统计，须二段上部为砂岩层、中部为泥岩、少量煤层，下部为砂岩层。裂缝的延伸受到中部泥岩层的控制，分布差异明显，每个延伸范围内均有分布，砂岩中的裂缝延伸多大于4m。通过对须二段裂缝岩心进行观察，发现主要以高角度缝

(45°～75°)和低角度缝(15°～45°)为主，裂缝延伸长度集中在10～20cm，延伸长度中等，裂缝较闭合，宽度较小，集中在0.1～1mm，裂缝充填程度不高，全充填缝占33%，半充填缝及未充填缝占67%（图1-12）。

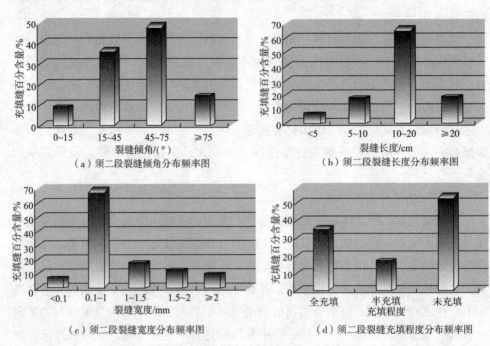

（a）须二段裂缝倾角分布频率图   （b）须二段裂缝长度分布频率图

（c）须二段裂缝宽度分布频率图   （d）须二段裂缝充填程度分布频率图

图1-12 元坝地区须二段岩心裂缝特征统计图

另外，通过对须四段裂缝岩心观测，发现裂缝主要以低角度缝(15°～45°)和高角度缝(45°～75°)为主，裂缝延伸长度集中在10～20cm，延伸长度中等，裂缝较闭合，宽度较小，集中在0.1～1mm，裂缝充填程度较须二段的高，全充填缝占50%，半充填缝及未充填缝占50%（图1-13～图1-15）。

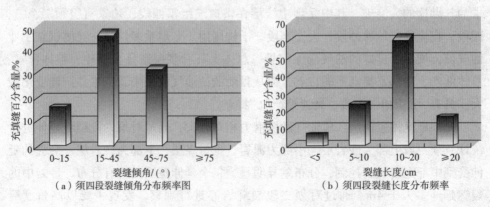

（a）须四段裂缝倾角分布频率图   （b）须四段裂缝长度分布频率

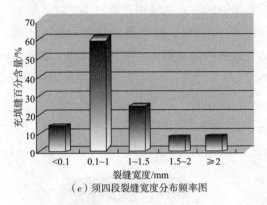

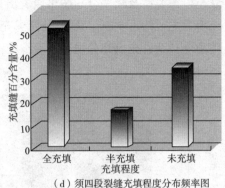

（c）须四段裂缝宽度分布频率图　　　　（d）须四段裂缝充填程度分布频率图

图 1－13　元坝地区须四段岩心裂缝特征统计图

图 1－14　yl7 井须四段岩心中发育的构造　　图 1－15　yl7 井须四段岩心中发育的构造
裂缝(井深为 3312. 14～3312. 44m)　　　　裂缝(井深为 3316. 80～3316. 90m)

1.2.2　裂缝充填特征

多年的油气勘探开发实践证明，裂缝发育程度是控制裂缝性储层产能的重要条件。首先，裂缝的存在提供了流体流动的额外通道，大大增强了油气的渗流能力；其次，裂缝也为油气储存提供了附加的储集空间，增大了油气的泄油能力和面积。因此，正确识别裂缝及其分布对高效寻找有利勘探目标及部署井位具有重要的意义。

根据岩心观测和成像测井资料统计分析，元坝研究区内须家河组砂岩储层裂缝中，未充填缝所占比例为 33%，半充填缝约占 27%，全充填缝比例约为 40%，半充填缝和未充填缝总共占 60% 左右，这些未充填缝和半充填缝对油气渗流有比较重要的作用(图 1－16)。

通过对 yl1、yl2、yl4、yl6、yl7、yb4、yb5 等典型井的岩心资料及薄片鉴定资料分析，元坝地区裂缝中裂缝充填物包括方解石、沥青、炭质及泥质等，由裂缝充填物类型及频率分布图可以看出，元坝地区半充填缝和充填缝主要以方解石充填为主，约占40%，其次是沥青充填，约占35%，炭质及泥质充填所占比例较小等，沥青充填充分说明了裂缝在油气运移和沟通储集空间方面起到了重要作用(图1-17)。

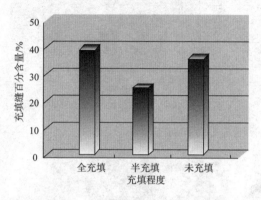

图1-16　裂缝充填程度分布频率　　　图1-17　裂缝充填物类型及频率分布图

图1-18为不同类型裂缝的充填程度对比图，由图可以看出，元坝地区直立缝和高角度裂缝充填程度较低，尤其高角度缝约有60%以上未充填，低角度缝充填程度较高，约有60%的低角度缝被全充填，未充填缝仅占不到20%。由于元坝地区高角度缝及直立缝充填程度较低，这些未充填的高角度缝及直立缝对油气在地下的渗流具有重要作用，是元坝地区的有效裂缝。

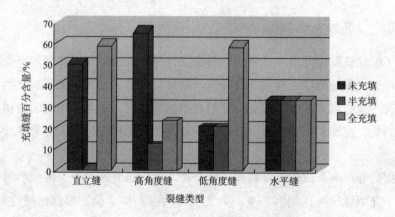

图1-18　不同倾角裂缝充填程度对比图

根据研究统计分析的结果，我们总结出该地区裂缝发育的基本特征：

(1)元坝中部须家河组裂缝总体较发育，裂缝类型主要为构造缝、成岩缝以及钻井诱导缝，其中构造缝是本区的主要裂缝类型。

(2)该地区的裂缝主要以构造成因的低角度剪切缝和高角度剪切缝为主，该类高角度缝在相关露头区表现明显，主要以两组共轭剪切裂缝的形式出现。这两组共轭裂缝相互交织，形成连通良好的裂缝网络系统，对天然气的富集和运移具有重要作用。

(3)该地区须家河组裂缝延伸中等，宽度小，多闭合，密度较小；珍珠冲段砾岩中裂缝与须家河组相比，具有延伸较长，间距更大，密度更小的特点。

(4)元坝中部须家河组岩心裂缝观测、成像测井解释及相关露头区的调查结果表明，裂缝约40%为全充填，未充填缝和半充填缝约占60%。充填裂缝充填物包括方解石、泥质、炭质等，充填程度不高，反映大多数裂缝都是有效的，尤其高角度缝和直立缝充填程度更低，有效性更好。

2 砂岩储层空间分布信息预测

由砂岩控藏因素分析可知，影响致密砂岩油气高产富集带分布的因素较为复杂，其中沉积、岩性、物性及裂缝等因素均对致密砂岩油气高产富集带的分布存在一定的影响。

致密砂岩油气研究以测井资料为基础，开展充分的岩石物理分析工作，确定元坝地区致密砂岩储层存在的地球物理问题、预测难点，测试合适的技术手段，逐步开展沉积、岩性、物性及储层的空间位置信息的预测研究（图2-1）。通过叠后地震属性分析、波形分类、叠后波阻抗反演、拓频高分辨处理及分频孔隙度反演、多参数降维反演等手段建立了"叠后地震属性分析+波形分类（沉积相）""叠后波阻抗反演+多参数降维反演+分频孔隙度反演技术（岩性及物性预测）"等一套针对元坝地区致密砂岩储层空间位置预测的技术流程。

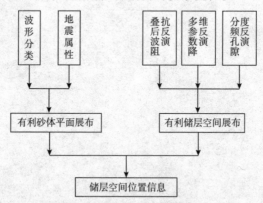

图2-1 致密砂岩储层空间位置信息预测研究的技术流程图

2.1 沉积相、地震相预测技术

沉积相带的划分及研究具有重要的油气勘探意义，是传统的相控三步法重要的研究基础之一。大量的勘探实践表明，在有利的沉积相带中布设钻井，经测试大部分钻获工业油气流；而在不利的沉积相带中布设的勘探井，经测试油气产能通常很低或无油气流。

例如四川盆地某时代的沉积地层，虽然是同一时代的地层但由于不同区域的沉积环境各不相同，因而造成沉积的岩性具有差异性。该套地层有利的储层是溶孔状白云岩，但有的区域沉积是另外的岩性且岩性相对较杂。大量的勘探资料表明，当某些区域的钻井钻遇溶孔白云岩的则可获高产工业气流，而在某些区域上钻遇该时代岩性相对较杂的钻井则储层相对较差或致密。因此，对井上或平面上沉积相及其沉积的岩性的分析相当重要，由此可以判断出当时的沉积环境和有利储层的沉积环境及地貌特征，并根据这些特征从而确定有利的油气勘探方向。

2.1.1 沉积相标志和单井相划分

本书中对元坝地区致密砂岩沉积有利相带的研究，主要采用的研究思路为：层序对比→小层对比→单井相沉积相研究→地震相研究→寻找对应关系→地震相转沉积相。通过地震属性及波形分类的手段得到地震相，以及通过井震对比建立单井沉积相与地震相的关系，从而最终得到沉积相平面图并可确定有利砂岩储层的平面分布位置。

大量各种论文及会议资料显示，前人已经对于四川盆地须家河组沉积环境进行了多次系统的研究，存在多种沉积相划分方案，所得的研究成果也表明四川盆地陆相沉积具有复杂多变的特点。元坝研究区主要结合区域地质背景分析、部分井的岩心照片描述，同时借助录井图、测井曲线、地震资料等各种辅助信息，可以认为元坝地区沉积体系主要为陆相的辫状河三角洲沉积体系。现对相关的沉积相及测井特征分述如下。

（1）辫状河道微相(图2-2)：自然伽马测井曲线表现为箱型－齿化箱型的特征，岩层的单层厚度大，岩性以厚层块状含砾砂岩、中细砂岩为主。

（2）水下分流河道微相(图2-3)：自然伽马测井曲线表现为齿化箱型的特征，岩层的单层厚度较大，岩性以中砂岩、细砂岩为主。

（3）河口坝微相(图2-4)：自然伽马测井曲线表现为漏斗型的特征，顶突变特征，岩性以细砂岩为主。

（4）席状砂微相(图2-5)：自然伽马测井曲线表现为指型－齿化指型的特征，岩层的单层厚度较小，岩性以粉细砂岩为主。

(5)河道间微相(图2-6):自然伽马测井曲线表现为平直-齿化高值的特征,与泥岩基线近似,岩性主要为泥质粉砂岩和粉砂质泥岩。

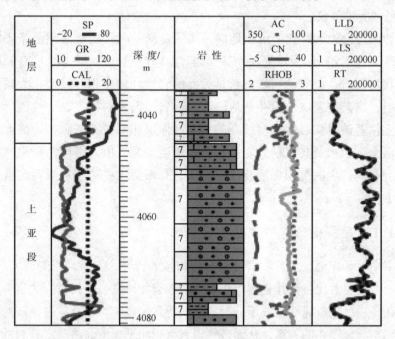

图2-2　yb22井的辫状河道相(GR曲线呈箱型、齿化箱型低值特征)

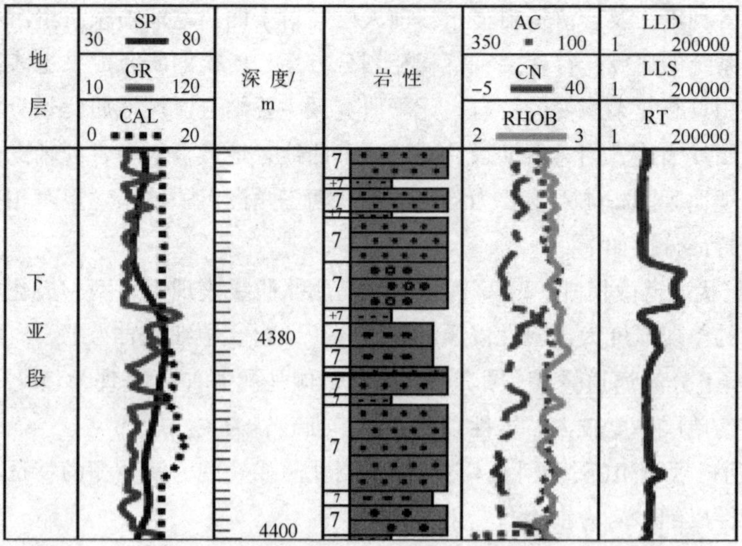

图2-3　yb222井的水下分流河道相(GR曲线呈齿化箱型低值特征)

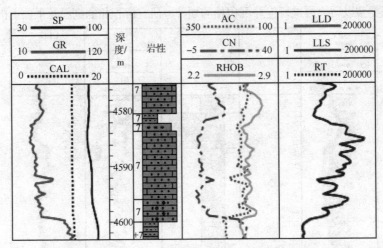

图 2-4　yb28 井的河口坝相（GR 曲线呈漏斗型特征）

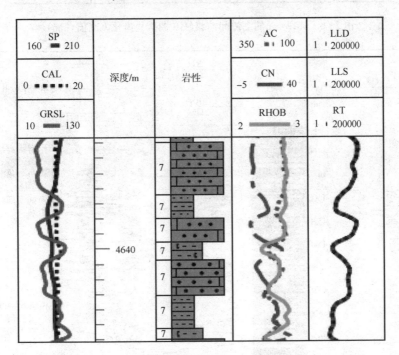

图 2-5　yb1 井的席状砂相（GR 曲线呈指型特征）

　　在确定沉积相标志后，针对元坝地区区内的钻井进行了单井相划分。从单井相划分结果来看（图 2-7），须家河组二、四段主要为辫状河三角洲平原和三角洲前缘亚相。纵向上发育辫状河道、水下分流河道、河道间、河口坝和席状砂等微相，在不同位置形成不同的微相空间组合。单井相划分完成，确定了井点位置须家河组二、四段的沉积相类型以后，再进行连井沉积相的划分，研究沉积相的剖面及平面上的变化。

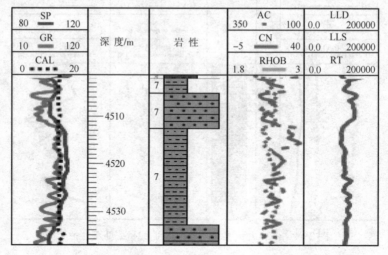

图2-6　yb124井的支流间湾相（GR曲线呈齿化型高值特征）

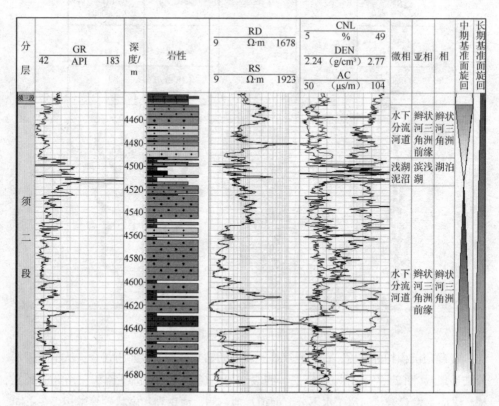

图2-7　元坝地区yb6井须二段沉积相分析

2.1.2 地震相划分

由于不同沉积微相的岩性组合和电性特征的差异，造成其在地震反射的频率和振幅等响应上必然存在区别。通过对地震剖面的反射特征与钻井岩性组合分析显示，在常规地震剖面上三角洲平原河道相往往表现为低频率、强振幅反射的特征；三角洲前缘水下分流河道通常表现为中低频率、强振幅反射的特征；河口坝是中高频率、中强振幅反射特征；高频、中弱振幅较连续反射预测为席状砂的反射。因此，我们通过地震反射特征分析可以建立地震属性与沉积微相连接的桥梁，进而利用地震属性分析进行地震相和沉积相分布的研究。

神经网络无监督波形分类技术是严格忠实于地震信息本身，可以细致刻画地震信号的横向变化。通过计算机分析每一个地震道波形的变化，得到研究区地震波形的分类，按照每种波形出现概率划分地震相的类型和平面分布规律。元坝地区的主力储层相带主要表现为 5 个大的微相类型，与钻井资料分析结果较为吻合。总的来说，纵向上不同的岩性组合会引起地震反射特征存在差异性，这种差异也反映出沉积相带的差异，是我们利用地震属性进行储层定性分布和划相研究的基础。不同岩性组合的钻井地震特征与沉积相带存在一定的联系，可以作为沉积相带定性研究的辅助依据。

2.1.3 波形地震相分析原理

沉积相就是沉积环境及在该环境中形成的沉积岩(物)特征的综合。地质上划分沉积相是根据沉积岩石的物理、生物和化学等特征。根据地震相干分析划分地震相，主要根据地震子波波形的变化，将该区目的层的地震波形进行相干分类，再与已知钻井上的目标段的沉积相资料进行对比，然后赋予地震属性分类图以合理的地质意义。

波形地震相分析技术原理是利用地震道波形特征对某一层间内地震数据道进行逐道对比，细致刻画地震信号的横向变化，从而得到地震异常体平面分布规律。其技术方法是基于神经网络技术，神经网络技术是在地震反射层段内对地震道进行训练，通过多次迭代之后，构造合成地震道，然后与实际地震数据进行对比，再通过自适应试验和误差处理，合成道在每次迭代后被改变，在模型道和实际地震道之间寻找更好的相关性(图2-8)。其特点是在某一目的层段内估算地震信号的可变性，利用神经网络算法对地震道波形进行分类，并把这种分类形成离散的"地震相"，再根据"拟合度"准则对实际地震道进行对比、分类，细致刻画出地震信号的横向变化，得出地震波形分类平面分布图。最后与测井曲线对比，对地震资料做出综合性的地质解释，进行储层预测和含油性判别（图2-9）。

波形地震相分析一般分两步实施：首先，利用神经网络对地震层段间地震道形状进行分析，建立一个最能表征层段内地震道形状差异的模型道序列；其次，在实施层段中对每一地震道与模型道序列进行比较，并按最佳相关建立地震道和模型道之间的联系，得到标明模型相似性的空间分布，即地震相，并为后续地震层间属性分析指明方向。

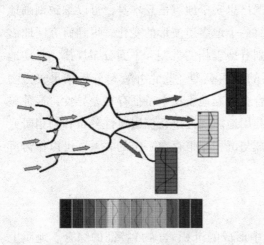

图2-8　神经网络波形分类原理图

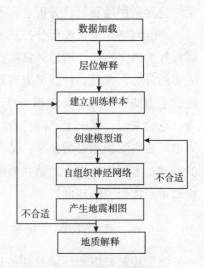

图2-9　神经网络地震波形分类处理流程图

2.1.4　地震相分析实践

在利用现有的商业软件进行地震相分析时，对地震相划分结果起重要作用的主要有3个参数，即选择 Interval 层段的大小、波形分类数和迭代次数。

1）Interval 层段时窗选择的原则

Interval 层段是在以两个层位之间或某个层位加上上限、下限时窗范围的地震数据的集合。对于等厚时窗 Interval 层段的选取最好是大于半个相位，并小于150ms，太大的 Interval 层段会包含太多的模型，给地震相解释带来困难，物理意义也不明确。而对于非等厚时窗的选择，可以选取主要目的层段或顶底界面建立 Interval 层段。

2)波形分类数的选取原则

波形分类数是指在整个感兴趣的层段内所遇到的地震道的种类数，较为理想的分类数是不容易定义的，建议至少计算3次去估计该参数，并从中优选最佳参数实施波形分类。

实际操作中粗略且实用的估计方法如下：

(1)把层段厚度除以6作为第一次计算的分类数。

(2)把上次计算波形分类数的50%作为第二次计算的分类数。

(3)把第一次计算波形分类数的150%作为第三次计算的分类数。

正确的波形分类数应取决于所要研究的目标以及对地震数据的了解程度，波形分类数大，结果过于详细；波形分类数小，结果过于粗糙。一般情况下，波形分类数是在7～20类之间；波形分类数不能超过层段样点数的1倍；超过15～20类，通常是很难管理和解释的。

3)迭代次数的选取原则

迭代次数是神经网络方法中的一个重要参数。通常情况下，神经网络大约在10次迭代后就收敛到实际结果的80%，这对于快速浏览、显示等方面很方便有效。在实际应用中10～20次迭代已确保较好的分类，但对于最终解释最好选用25～35次迭代，以保证网络收敛最佳。

4)波形分类注意的问题

主要有以下4点：

(1)地震资料是基础，标定是关键，在使用波形分类时应保证地震数据的保真度，也就是保证波形没有发生畸变，这种情况下才能得到高品质的地震相。

(2)波形分类技术对地层尖灭、强波终断、角度不整合、前积、顶超、底超等范围的分布追踪效果较好，但时窗、波形分类参数的选取将影响结果的精度。

(3)波形分类所需的层位数据最好是自动追踪的结果，这样所得到的地震相图比较平滑，否则会出现一些条带状。因此，要求地震数据有较高的信噪比和连续性。

(4)层段的厚度最小为半个相位，并且不能过厚。若选择层段太厚，期间可能包含多个相序，计算的结果将无法解释，因此层段的选择非常重要。

川东北元坝地区陆相须二段作为大范围水退时段的沉积，由于西北部存在龙门山古隆起，故其沉积物源主要来自西北部，从地震相波形分类图中(图2-10，图中白色虚线为分类的界线)也能看到大致分为3类沉积相，Ⅰ类包含波形分类中的⑦、⑥、⑤类模型道，呈条带、块状分布，总体上走向为北东—南西向，与其他色带大体上呈相互平行状态,该色带走向的法线方向也揭示该区物源的方向主要来自西北,并预示沉积物颗粒自西北向东南方向呈推进式沉积(图2-10中的黑色单箭头虚线方向)并影响孔隙度、砂层厚度的分布。波形分类揭示向东南则色带总体上渐变到Ⅱ类块状的④、③、②类模型道,再从中部到东部则渐变到Ⅲ类块状的①类模型道。钻井资料也揭示,靠近西北部的钻井所钻遇的须二段层厚基本上比东南部的钻井所钻遇的须二段厚,而东部的须二段相对较薄或呈缺失状态。从井资料出发,根据yb27井、yb22井、yb2井及yb1井在波形分类图中均属于Ⅰ类,井中见到的砂岩储层含气程度相对较好且砂层相对较厚,推测Ⅰ类区域应该为须二段砂岩储层的有利分布地带,预测该区域的砂岩储层具有小-中型裂缝发育、沉积颗粒相对较粗、孔隙度相对较高且砂岩层段相对较厚的特点。

另外,从地震反射波形分类及井上的沉积相、储层资料来说,Ⅱ类区域推测砂层中孔隙度相对降低且泥质充填相对较重,局部区域裂缝相对不发育,须二段砂岩储层的富气程度相对较差;Ⅲ类区域则孔隙相对致密且砂层厚度相对较薄,该区域为须二段储层最为不利的分布区域。

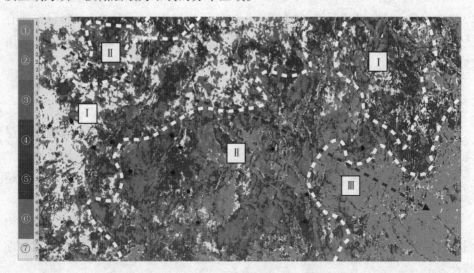

图2-10　元坝地区须二段地震相波形分类平面图

2.2　地震属性分析法

地震属性指的是那些由叠前或叠后地震数据,经过数学变换而导出的有关地震波的几何形态、运动学特征和统计特征,其中没有任何其他类型数据的介入。

长时间以来，我们使用地震属性进行地震解释。自 20 世纪 60 年代起，利用薄层调谐厚度的概念，进行薄层解释。70 年代以来，使用了反射波振幅变化特征——亮点、暗点、平点，对含气砂岩储集体进行预测。80 年代，出现了 AVO 分析技术，改进了含气砂岩和岩石孔隙中的饱和液成分的预测；给出了岩石泊松比对比度增大的标志，以鉴别岩性和岩石孔隙度。在这个期间，地震属性多半是基于振幅测量的瞬时属性。

70 年代后期到 80 年代，地震地层学解释迅速发展，广泛应用。通过分析地震反射特征，确定地震相类型并作岩相转换，这是地震地层学分析的基本方法。瞬时振幅和瞬时频率被用于岩性解释，瞬时相位被用于检测地层的接触关系。90 年代以来，由于储层描述和 3D 数据体解释的需要，地震属性技术急剧发展。利用地震属性技术进行储层不均匀性描述，一般是利用测井资料解释储层物性参数与井旁地震道地震属性之间的相关性，再将地震属性转换成储层物性，并推算到井间或无井区。这项工作被称为地震引导测井储层物性估计，用以制作岩石物性剖面。因此，地震属性技术在储层预测、储层特征参数描述、储层动态监视等方面的应用已成为石油工业界注意的焦点。其中，3D 地震数据能形成 3D 的地震属性体，如倾角、方位、相干体和方差体等，所解决的问题是地下空间范围的问题；高速发展的计算机技术（硬件）和计算技术（软件），大大地提高了测量地震波的几何学、运动学、动力学和统计学的能力，使得地震属性的提取简便、快捷；另外，人机交互工作站的使用和强大的功能，使得解释人员能正确选用地震属性，合理解释地质现象；物探、地质和油藏技术人员的结合，赋予地震属性更加有效的地质意义（表 2-1），尤其是对储层的研究开辟了一个新的途径。

表 2-1　常用地震属性及其相关物理意义和用途

地震属性名称	物理意义和用途
平均反射强度 （Average Reflection Strength）	识别振幅异常，追踪三角洲、河道、含气砂岩等引起的地震振幅异常；指示主要的岩性变化、不整合、天然气或流体的聚集；该属性为预测砂岩厚度的常用属性
能量半衰时的斜率 （Slope Half Time）	突出砂岩/泥岩分布的突变点；预测砂岩厚度的常用属性
平均信噪比 （Average Signal – to – Noise Ratio）	量化分析窗口的数据品质，可以较好地识别岩性或地质体形态的变化；是预测砂岩厚度的常用属性
波谷数 （Number of Thoughs）	可以有效地识别薄层，为预测砂岩厚度的常用属性

地震属性名称	物理意义和用途
平均波谷振幅 (Average Trough Amplitude)	用于识别岩性变化、含气砂岩或地层。可以有效地区分整合沉积物、丘状沉积物、杂乱的沉积物等；预测含油气性的常用属性
平均瞬时相位 (Average Instantaneous Phase)	由于相位的横向变化可能与地层中的流体成分变化相关，因此该属性可以检测油气的分布；同时还可以识别由于调谐效应引起的振幅异常，为预测含油气性的常用属性
能量吸收属性 (Absorption)	以滑动摩擦形式出现的内摩擦和孔隙流体之间的黏滞损失可能是波动能量转换为热能最重要的形式，其中在高渗透率岩石中，孔隙流体的黏滞损失更严重，因此认为吸收类的属性可以作为预测含油气性的常用属性
反射强度的斜率 (Slope Reflection Strength)	分析垂直地层的变化趋势，识别流体成分在垂直方向的变化；预测砂岩厚度的常用属性
大于门槛值的百分比 (Percent Greater Than Threshold)	区分进积/退积层序，该属性有助于分析主要的沉积趋势，区分整合沉积物、丘状沉积物、杂乱的沉积物等；对层序或沿反射轴进行振幅异常成图，预测砂岩厚度的常用属性
能量半衰时 (Energy Half Time)	区分进积/退积层序，该属性的横向变化指示地层或由于流体成分、不整合、岩性变化引起的振幅异常；预测砂岩厚度的常用属性
有效带宽 (Effective Bandwidth)	识别复合/单反射的变化区域，该属性高值指示相对尖锐的反射振幅和复杂的反射，低值指示各项同性，为预测砂岩厚度的常用属性
低频主组分 F1 (Dominant Frequency F1)	采用最大熵功率谱算法，主频在横向上的变化通常是由含气饱和度、断裂的变化引起的频率吸收，该属性揭示由于地层、岩性或调谐变化引起的隐蔽的频率趋势
主频 F2(中间频率) (Dominant Frequency F2)	探测由于叠加异常引起的频率吸收，主频的横向变化通常由于含气饱和度或断裂系统的变化，可以揭示由于地层、岩性或调谐变化引起的隐蔽的频率趋势
主频 F3(高频成分) (Dominant Frequency F3)	探测由于叠加异常引起的频率吸收，主频的横向变化通常由于含气饱和度或断裂系统的变化，可以揭示由于地层、岩性或调谐变化引起的隐蔽的频率趋势
相关长度 (Correlation Length)	识别地层横向的连续性，常常用于连续沉积相(特别是泥岩)的识别，通常用于预测砂岩厚度

地震属性名称	物理意义和用途
平均反射强度 （Average Reflection Strength）	识别振幅异常，追踪三角洲、河道、含气砂岩等引起的地震异常；指示主要的岩性变化、不整合、天然气或流体的聚集，预测砂岩厚度的常用属性
目的层的时间厚度 （Thickness）	该属性可以较好地反映目的层岩性的变化，因此可以用于预测砂岩厚度的变化
剖面负极值的平均值 （Negative Magnitude）	用于识别岩性变化、含气砂岩或地层。用于预测含油气性和砂岩厚度的属性
自相关函数的主宽度 （FunAutoCorr Width）	当研究时窗过小（小于 5 个采样点）时，该属性极其不稳定，该属性对地层层序的变化敏感
总能量 （Total Energy）	识别振幅异常或层序特征，有效识别岩性或含气砂岩的变化；区分整合沉积物、丘状沉积物、杂乱的沉积物等；预测含油气性的常用属性
总振幅 （Total Amplitude）	识别振幅异常或层序特征，有效识别岩性或含气砂岩的变化；区分整合沉积物、丘状沉积物、杂乱的沉积物等；预测含油气性的常用属性
总绝对振幅 （Total Absolute Amplitude）	识别振幅异常或层序特征，有效识别岩性或含气砂岩的变化；区分整合沉积物、丘状沉积物、杂乱的沉积物等；预测含油气性的常用属性
平均振幅 （Mean Amplitude）	识别振幅异常或层序特征，有效识别岩性或含气砂岩的变化；区分整合沉积物、丘状沉积物、杂乱的沉积物等；预测含油气性的常用属性
最大波谷振幅 （Maximum Trough Amplitude）	识别岩性或含气砂岩的变化振幅异常，特别是层附近；是层序内或沿指定反射进行振幅异常成图的最佳属性之一，该属性通常用于储层的油气预测
最大波峰振幅 （Maximum Peak Amplitude）	识别岩性或含气砂岩的变化振幅异常，特别是层附近；是层序内或沿指定反射进行振幅异常成图的最佳属性之一，该属性通常用于储层的油气预测
最大绝对振幅 （Maximum Absolute Amplitude）	识别岩性或含气砂岩的变化振幅异常，特别是层附近；是层序内或沿指定反射进行振幅异常成图的最佳属性之一，该属性通常用于储层的油气预测

续表

地震属性名称	物理意义和用途
能量半衰时 （Energy Half Time）	区分进积/退积层序，该属性的横向变化指示地层或由于流体成分、不整合、岩性变化引起的振幅异常，预测砂岩厚度的常用属性
平均波峰振幅 （Average Peak Amplitude）	用于识别岩性变化、含气砂岩或地层，可以有效地区分整合沉积物、丘状沉积物、杂乱的沉积物等，预测含油气性的常用属性
平均能量 （Average Energy）	识别振幅异常或层序特征，有效识别岩性或含气砂岩的变化；区分整合沉积物、丘状沉积物、杂乱的沉积物等，预测含油气性的常用属性
平均绝对振幅 （Average Absolute Amplitude）	识别振幅异常或层序特征，有效识别岩性或含气砂岩的变化；区分整合沉积物、丘状沉积物、杂乱的沉积物等，该属性是描述层序内振幅特征的有利工具
频谱峰值 （Peak Spectral Frequency）	最大熵谱分析结果，为峰值主频，提供了一种追踪由于含气饱和度、断裂、岩性或地层变化引起的相关的频率吸收特征的变化；例如含气砂岩吸收地震高频，因此在该情况下你只能看到低的频谱峰值
平均瞬时频率 （Average Instantaneous Frequency）	检测振幅吸收异常，追踪由于含气饱和度、断裂、岩性或地层变化引起的相关的频率吸收特征的变化；低值常常对应于亮点（高 RMS 振幅）指示含气砂岩
时间最大值 （Time Maximum）	该属性反映目的层的构造信息，一般认为与岩性及其含油气性相关
正负采样的变化率（Ratio of Positive to Negative Samples）	识别地层的变化，在特定的窗口内能够检测层序的厚薄；该属性通常用于预测砂岩厚度
波峰数 （Number of Peaks）	可以有效地识别薄层，预测砂岩厚度的常用属性
相邻两道之间计算互相关时的时移（Correlation Window Time Shift to Next CDP）	该属性用于突出地层倾角的突变，例如断层、不整合、尖灭等；通常用于预测断裂系统的分布
相邻两道之间计算互相关时的协方差系数（Covariance Coefficient to Next CDP）	该属性的计算默认为地震数据不包括直流成分，通常用于预测断裂系统的分布和砂岩厚度

地震属性名称	物理意义和用途
最大振幅 （Amplitude of Maximum）	识别岩性或含气砂岩的变化振幅异常，特别是层附近；是层序内或沿指定反射进行振幅异常成图的最佳属性之一；该属性通常用于储层的油气预测
剖面正极值的平均值 （Positive Magnitude）	用于识别岩性变化、含气砂岩或地层，用于预测含油气性和砂岩厚度的属性
层间能量 （Interval Energy）	识别振幅异常或层序特征，有效识别岩性或含气砂岩的变化；区分整合沉积物、丘状沉积物、杂乱的沉积物等；预测含油气性的常用属性
平均零相交频率 （Zero Cross Frequency）	该属性类似于瞬时频率，然而此属性在测量上相对稳定，当时窗较小时平均零相交频率相对平均瞬时频率对波形的变化更加敏感；它与平均富氏频谱粗略相关
小于门槛值的百分比 （Percent Less Than Threshold）	区分进积/退积层序，该属性有助于分析主要的沉积趋势，区分整合沉积物、丘状沉积物、杂乱的沉积物等；对层序或沿反射轴进行振幅异常成图；预测砂岩厚度的常用属性
相关成分 （Correlation Components）	P1 第一主组分用于度量同相轴的线性相干、P2 第二主组分用于指示剩余特征、P3 第三主组分也用于指示剩余特征；通常用于预测断裂系统的分布
弧长 （Arc Length）	一种频率与振幅的混合属性，用于区分强振幅/高频与强振幅/低频或者弱振幅/高频与弱振幅/低频的反射特征；由于泥岩到砂岩的界面通常有更高的阻抗差异，Arc Length 可以用于区分泥岩层序或者是高砂岩组分的层序，该属性与带宽相近，同时更接近总绝对振幅
最大波谷振幅 （Maximum Though Amplitude）	识别岩性或含气砂岩的变化振幅异常，特别是层附近；是层序内或沿指定反射进行振幅异常成图的最佳属性之一；该属性通常用于储层的油气预测
均方根振幅 （RMS Amplitude）	识别振幅异常或描述层序，追踪地层地震异常，例如三角洲、河道及含气砂岩引起的振幅异常，区分整合沉积物、丘状沉积物、杂乱的沉积物等，可应用于预测储层的含油气性
瞬时频率的斜率 （Slope Instantaneous Frequency）	探测层间频率吸收的变化情况，对储层流体成分的变化和断裂系统得变化比较敏感；通常用于预测天然气的聚集与分布

地震属性名称	物理意义和用途
从波峰到最大频率的斜率 （Slope Spectral Frequency）	可以识别频率的"阴影带"，进而预测油气
峰态振幅 （Kurtosis in Amplitude）	识别振幅异常或描述层序；追踪地层地震异常，例如三角洲、河道及含气砂岩引起的振幅异常，区分整合沉积物、丘状沉积物、杂乱的沉积物等，可应用于预测储层的含油气性；当计算窗口较大时该属性结果将失去地质意义
振幅走偏 （Skew in Amplitude）	识别振幅异常或描述层序；追踪地层地震异常，例如三角洲、河道及含气砂岩引起的振幅异常，区分整合沉积物、丘状沉积物、杂乱的沉积物等，可应用于预测储层的含油气性
频谱宽度 （Width Spectrum）	参考频率与平均加权频率的比值，反映地层由于岩性或流体的变化引起的频率变化，可以应用于岩性与油气的预测
振幅加权平均频率 Hz(Mean Frequency)	这是一个振幅与频率的混合属性
截频范围内的能量 （Spectral Energy）	对于引起反射振幅变化的岩性、含油气性等的改变比较敏感，主要应用于获得低频含气砂岩、断层的预测，特别适用于薄储层
能量吸收属性 （Absorption S_{sw}/S_{ww}）	参考频率到低截频范围内的能量与参考频率到高截频范围内的能量的比值，可识别识别含气砂岩
相对能量吸收属性 （Absorption S_{sw}/S_{w}）	参考频率处的相对能量，低频范围的能量比上截频范围内的能量，通常用于识别含气砂岩
信号压缩 （Signal Compression）	参考频率 S_{w} 与矩形区域功率谱的比例，识别由于岩性、流体变化引起的频率的变化，用于油气预测
在 64ms 时窗内的有效振幅 （ Effective Amplitude）	识别振幅异常或描述层序；追踪地层地震异常，例如三角洲、河道及含气砂岩引起的振幅异常，区分整合沉积物、丘状沉积物、杂乱的沉积物等，可应用于预测储层的含油气性
低截频到参考频率 S_{w} 间的能量 S_{sw}(Left Spectrum Area)	应用于获得低频含气砂岩、断层的预测，特别适用于薄储层，是预测砂岩与砂岩含油气性的有效属性
参考频率 S_{w} 到高截间的能量 S_{ww}(Left Spectrum Area)	用于岩性变化的预测，对于砂岩中流体的变化也较敏感

地震属性名称	物理意义和用途
相邻两层的吸收特征（Decrement of Absorption）	识别由于砂岩含油气后不同层位对能量的吸收特性，通过判断吸收的突变点，来发挥作用，该属性通常应用于预测储层的含油气性
最大极值（Amplitude of Maximum）	用于识别由于岩性变化或者烃类聚集引起的振幅异常，主要用于预测储层的含油气性
地震采样振幅与有效振幅的比率（Ratio of Amplitude squared to Effective Amplitude）	用于识别由于岩性变化或者烃类聚集引起的振幅异常，主要用于预测储层的含油气性

由于地震单属性参数受处理和其他因素影响，如岩性变化、流体变化、储层孔隙度的变化、调谐效应、地层厚度等，其反映的相边界在不同属性图上存在较大差异。因此我们可以综合多个地震振幅、相位、频率类属性，加强指导地震相的划分。由于受沉积相带的影响，相带中的沉积岩性、粒度、分选性等对地球物理响应明显不同，所以不同地震属性之间间接的"殊途同归"，例如振幅类属性，元坝西部的钙屑砂砾岩分布广泛，具有中低频率、强振幅的特征；而东部沉积钙屑含量减少，反射能量明显降低。因此我们可以得到这样的结论，利用这些振幅差异特征即可大致地对钙屑砂砾岩与其他岩性实现区分。

在本书讨论的地震属性研究方面主要完成了元坝地区须家河组四段的地震属性预测平面图（图2-11、图2-12），可见优质砂岩储层与非储层均能完成相对较好的区分。从最大波峰数属性平面图上（图2-11）可以看到，砂岩储层的波峰数属性的数据值相对较高，可达到0.75以上（图中灰白色区域），而不利的砂岩储层的波峰数要低于该数据值（图中灰黑色区域）。通过对储层属性的实际标定解释，揭示砂岩储层中的裂缝发育往往造成波峰数增大，所以寻找平面图中波峰数高值的区域有利于寻找裂缝型砂岩储层。

从瞬时相位平面图上（图2-12）可见，砂岩储层与非储层在相位上具有一定的差异性。含气砂岩储层的相位一般在35°~74°之间（图中灰白色区域），而非储层或差储层的相位值位于35°~74°之外（图中灰黑色区域），两者差异相对明显。从两张属性平面图上可以看到，预测的有利储层在平面上的分布区域上大体吻合，这也表明储层具有一定的地震属性响应特征，并与非储层在地震属性上具有一定的差异性。

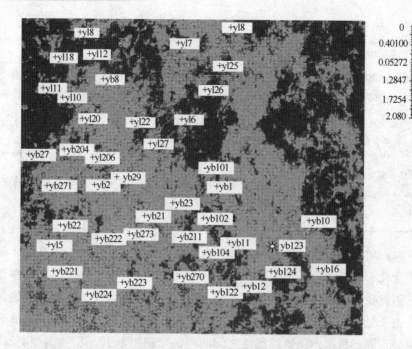

图 2-11　元坝地区须家河组四段最大波峰数属性平面图(局部)

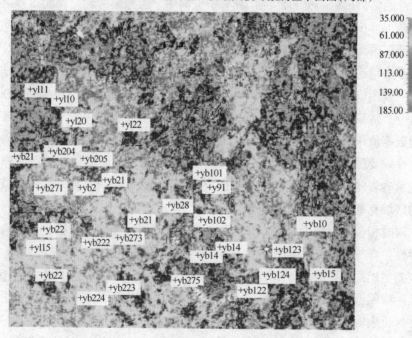

图 2-12　元坝地区须家河组四段瞬时相位属性平面图(局部)

2.3　叠后波阻抗反演技术

测井约束地震反演技术是一种以模型为基础的反演技术，其目的是要求在不断修改拟合的过程中求解一个最符合实际地震剖面的模型。测井约束地震反演充分利用地震资料丰富的中频信息和测井的高频-低频成分，以过井地震剖面的地震层位解释结果和井位声波测井资料作为约束条件，通过迭代反演对地质模型进行修改，利用合成地震记录资料与实际地震资料横向比对，不断地修改模型使得两者尽可能地相近，最终模型就是求取的最优反演结果。因此，这种反演方法实际上是通过正演的方式来完成的。初始模型的给定直接影响了反演的分辨率和精度，也与正演合成的方法、井位的分布和钻井的数量有关，同时，地震解释工作的精细程度和测井资料处理也对其有很大的影响。

一般情况下，基于模型的波阻抗反演的原理为：设地震子波为 $W(t)$、反射系数序列为 $R(t)$，则地震记录适合层状介质的褶积模型为：

$$S(t) = R(t) \times W(t) \tag{2-1}$$

当地下为多层水平介质时，任意第 i 个界面的地震波反射系数为：

$$R_i = \frac{\rho_{i+1} v_{i+1} - \rho_i v_i}{\rho_{i+1} v_{i+1} + \rho_i v_i} \quad (i = 1,2,3,\cdots,n-1) \tag{2-2}$$

式(2-2)中第 i 个界面的上层介质密度为 ρ_i，速度为 v_i，第 i 个界面的下层介质的密度和速度分别为 $\rho_i + 1$ 和 $v_i + 1$，R_i 为第 i 个界面的反射系数。

1) 测井响应识别模式

四川盆地陆相主要的砂岩储层具有以下测井响应特征：①分流河道的自然伽马值一般较低，在 30~70API 左右，基本上不会高于 80API，电阻率值较低，一般在 10~100Ω·m 左右。单层厚度相对较大，一般介于 10~30m；②废弃河道的伽马值一般在 70~100API 左右，由于碳酸盐岩岩屑胶结的影响，局部井段的电阻率值(R_D)较高，一般电阻率的范围为 10~1000Ω·m，单层厚度一般介于 10~15m；③洪水河道的伽马值一般在 10~30API 左右，由于碳酸盐岩岩屑胶结的影响，局部井段的电阻率值(R_D)较高，一般电阻率的范围为 10~1000Ω·m，局部可大于 1000Ω·m。

2) 地震储层敏感参数分析

在优质砂岩储层测井响应的基础上，我们对元坝地区井中砂岩段进行了敏感参数分析。从相关的交会图成果上看出，常规的声波(AC)时差曲线、密度

（DEN）曲线可以相对较好地区分砂岩储层与非储层，而 GR 曲线、中子孔隙度曲线能够区分砂岩、灰岩、泥页岩等不同岩性。在实际操作中，可以将多种敏感曲线进行反演，并剔除非储层，从而在数据体中留下储层信息。

3）储层精细标定与相应特征分析

砂岩储层标定是砂岩层段地震预测及反演的基础，是控制砂岩储层段预测和解释的关键因素。在地震反射标准层标定的基础上，根据砂岩储层段的岩性和物性特征，利用合成地震记录进一步对砂岩储层段进行精细标定。在实际标定过程中，子波分别选用正极性 Ricker 子波和从井旁地震道目的层段提取的地震子波制作合成地震记录。经过与井旁地震道进行对比、分析，认为由所提取的地震子波制作的合成地震记录与井旁地震道匹配最好。因此采用从井旁道提取的地震子波制作合成地震记录进行砂岩储层段的精细标定，准确地标定出砂岩储层段的地震层位，并有利于后续的相关层位的解释。

2.3.1　相控下拟声波反演

地震波阻抗反演处理是致密砂岩储层预测的重要环节，本书中涉及地震反演是在沉积相、地震相的控制下采用了 Jason 软件的稀疏脉冲反演方法，利用 GR 曲线重构后的声波曲线开展拟声波反演，通过相关的参数交会图确定砂岩储层的波阻抗门槛值，定量计算优质砂岩储层厚度。其中，稀疏脉冲反演是以稀疏脉冲反褶积为基础的递推反演方法，主要包括最大似然反褶积、L1 范数反褶积和最小熵反褶积。具体上对主要的稀疏脉冲反演方法分述如下：①最大似然反褶积。利用状态空间和系统辨识的方法，用自回归 – 滑动平均模型描述地震子波，用高斯 – 伯努利序列描述反射系数，并由此导出二次型目标函数（似然函数），再用非线性寻优方法在迭代过程中逐步最大化。②最小熵反褶积。输出为稀疏脉冲序列，最小熵反褶积本身含义并不十分严密，严格地说它仅是一种准则，使输出具有简单而稀疏的外形，对子波的相位没有限制，因此有较强的适应性。最小熵准则只是一种较为合理的目标函数或约束，并不全面控制反褶积质量，其准则对强反射层非常敏感，如果不加约束，有可能使多个相邻的反射系数压缩成一个大的反射系数而降低分辨率。

1）拟声波曲线重构

如何充分利用各种测井曲线，提高地震资料反演的分辨率和精度，一直是油气勘探开发地震研究工作的努力方向。长期以来，常规地震反演都是用声波（AC）测井曲线来进行地震地质层位标定和波阻抗反演。基于模型的宽带约束反演方法是建立在褶积理论基础之上，其初始模型是地层声波或波阻抗。然而，在很多情况下，由于钻井井筒污染、储层胶结程度和孔隙度或其他非地层岩性因素影响，声波测井曲线中的高频信息在很多情况下不能代表岩性变化，分不清地层剖面上的岩性，测井声波不能很好地反映储层和围岩的差异，导致岩性识别及预测困难，从而造成测井曲线与地震剖面匹配性较差，波阻抗反演结果与钻井地质成果不吻合，储层预测相对困难及准确度不高。因此，要寻找一种新型的反演方法，充分利用现有的各种测井资料，弥补声波测井的不足，来提高用相关的测井资料进行地震层位标定的准确性和地震资料反演的分辨率，以便更准确地进行储层参数预测。

波阻抗反演是对叠后地震资料反演的唯一有效手段，如果直接进行参数反演在理论上是站不住脚的。拟声波曲线重构是基于声波测井曲线，有效地综合各种信息，利用信息融合技术把它们统一到同一个模型上，实现各种信息的有机融合和有效控制，从而把反映地层岩性变化比较敏感的自然伽马、电阻率等测井曲线转换成具有声波量纲的拟声波曲线，使其具备自然伽马、电阻率等测井曲线中的高频信息，同时结合声波的低频信息，合成拟声波曲线，使它既能反映地层速度和波阻抗的变化，又能准确反映地层岩性等的细微差别。

常见构建拟声波曲线方法主要有统计回归（利用交会图求出时差与电阻率关系的经验方程来计算时差）和理论计算［如法斯特（Faust）公式及阿奇（Archie）和维利（Wyllie）方程联立求解导出用电阻率计算声波时差的公式］两种。但是，这两种方法都没有考虑声波曲线中地层背景速度低频信息，理论上不合理。合成拟声波曲线的关键是如何将声波曲线的低频信息和自然伽马等其他曲线的高频信息"调制"到一起。EPS reservoir 软件提供了两种拟声波曲线构建方法，一种是基于回归的方法，但是它加入了声波曲线中地层背景速度低频信息；另一种是基于统计的方法，利用小波多分辨率分解和信息融合等技术进行拟声波曲线合成，它是把声波中的地层背景速度低频信息与反映地层岩性变化比较敏感的源测井曲线高频信息调制成拟声波曲线。

拟声波就是利用声波曲线中的低频信息和能够反映岩性的高频信息而合成的能够反映岩性变化的曲线。由图 2-13 所示的拟声波重构原理示意图可知，实现重构的

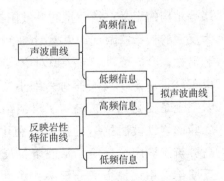

图 2-13　拟声波曲线重构流程示意图

关键是如何获得符合要求的高频和低频分量。一般情况下，具体的获取做法通常为两个步骤：①低频分量获取方法，即对声波曲线做滤波处理获取低频分量；或由地震速度转换得到层速度，然后对层速度进行滤波获取低频分量；也可直接对 VSP 资料提供的层速度做平滑或滤波获取低频分量。②高频分量获取方法，即对能明显区分岩性特征的测井曲线进行分析整理和滤波，可获取高频分量。因为 GR 曲线能较好地区分泥页岩与砂岩，本书采用回归及统计的方法，用 GR 曲线来重构声波曲线。具体实现步骤为：①将非声波的源曲线与井声波曲线创建成具有声波量纲的新曲线（高频成分）；②从原始声波曲线中提取能够反映地层背景速度的低频成分；③将已产生的具有声波量纲的新曲线（高频成分）和从原始声波曲线中提取的低频成分进行"调制"——重构，最后形成合成拟声波曲线。

2）测井约束反演

在重构声波曲线的基础上，采用 Jason 软件中测井约束的稀疏脉冲反演方法进行波阻抗反演，反演的结果揭示提高了岩性判断、识别能力。

另外，地震子波的好坏直接影响反演的效果，因此优选地震子波是反演成功的关键。由于地震资料往往是非零相位的，在合成记录与实际地震数据对比时需要利用已提取的多道相干子波，对多道相干子波进行相位校正及振幅校正，用不同相位参数的子波与测井反射系数制作合成记录，直到获取一个与井旁道相关最佳的合成记录（评价标准为相关系数），这时的子波称为最优子波，与此同时也确定了用于反演建模的测井波阻抗曲线与地震道之间的对应关系。

构建岩性波阻抗框架模型主要为根据地质层位对比解释方案，标定所确定的测井波阻抗与层位的对应关系，构造出反映岩性沉积特征的地质结构单元。首先，建立起一个先验性的岩性结构模型，包括地层地质单元体、地质构造断层等结构的定义；然后把测井波阻抗曲线在地质单元体内进行内插、外推，作为反演的初始波阻抗约束模型。这样模型应表现出地震相与测井相之间关系的和谐性，合成记录与井旁道对应具有一致性。初始波阻抗模型是反演的基本约束条件，决定了反演前每一细小层位初始约束波阻抗值，其初始波阻抗值在时空上是变化的，它决定了反演结果的构造形态（低频分量），给出的是一个先验的岩性波阻抗结构模型。利用 Jason 反演软件的稀疏脉冲反演模块开展高分辨率波阻抗反演，从波阻抗反演剖面图可以看出，拟声波重构的波阻抗反演剖面不仅提高了分辨率，而且反映的地质现象更加丰富，与实钻情况基本一致。

2.3.2　反演实践分析

利用叠后三维地震数据体及相关的测井资料约束实施相控下的拟声波反演，得到元坝地区须二段及须四段的波阻抗反演数据体，并提取相关的沿层波阻抗数据平面图及实施过井的波阻抗反演剖面分析，现分述如下。

1）须二段

从元坝地区须二段的标定及叠后波阻抗反演平面图（图2-14、图2-15）可以看出，元坝地区的西北部区域为有利砂岩沉积相带，砂岩储层在波阻抗平面图上主要表现为低波阻抗特征（波阻抗值小于11500），表明该区域的砂岩储层含气后造成波阻抗值相对下降（图2-15中的灰黑色及白色区域）；而非储层在波阻抗平面上表现出中、高波阻抗特征（图2-15中的灰色区域），波阻抗值一般大于11500，推测砂岩岩体相对致密，砂岩岩层的孔隙度相对较低。从对yb6井的砂岩储层的波阻抗标定成果图来看（图2-14），砂岩储层也表现为低波阻抗值的特征，利用这个特征可对波阻抗平面图（图2-15）进行解释，经后续钻井资料揭示，结论相对吻合。

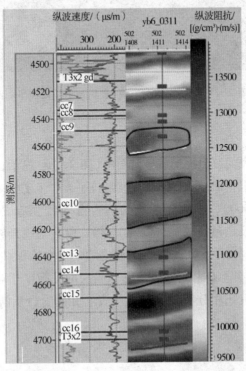

图2-14　元坝地区yb6井须二段砂岩储层标定示意图

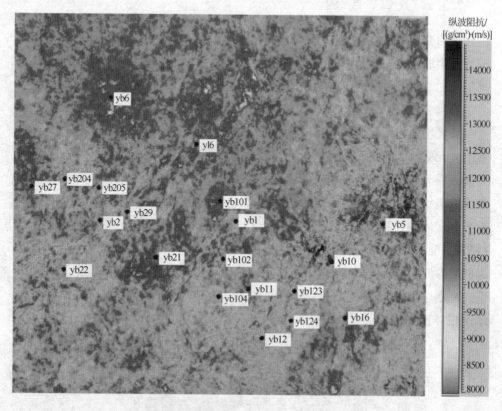

图 2-15 元坝地区须二段叠后波阻抗反演平面图

2）须四段

元坝地区须四段的波阻抗反演平面图中（图 2-16）显示，元坝地区的东北部区域为有利砂岩沉积相带，砂岩储层在波阻抗平面图上主要表现为低波阻抗特征（波阻抗值小于 11000），推测该区域的砂岩含气后会造成波阻抗值相对下降（图 2-16 中的灰色及白色区域），这点也与须二段含气砂岩储层相似；而非储层在波阻抗平面上表现出中、高波阻抗特征（图 2-16 中的灰黑色区域），波阻抗值一般大于 11000，推测岩体相对致密或砂岩岩层的孔隙度相对较低。这些预测成果也与钻井资料的沉积相分析及钻井试气资料相吻合，反演效果达到了预期的目的。

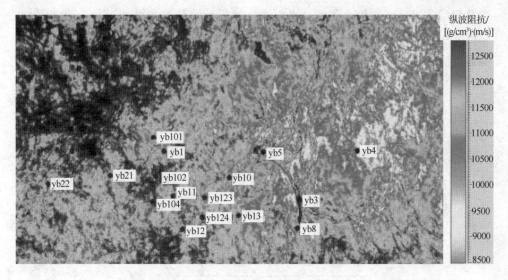

图 2-16　元坝地区须四段叠后波阻抗反演平面图

2.4　多参数降维技术

通过对元坝地区的须二、须四段的多属性交会分析发现,尽管不同岩性间的弹性属性参数(包括泊松比、体积模量,拉梅常数与密度乘积、弹性波阻抗等描述岩石性质的参数)叠合范围较波阻抗的叠合范围要小,但依旧不能满足高精度砂岩储层预测的岩性识别的要求。

此外,由于砂岩储层的平均孔隙度仅为 3.2%,属于致密砂岩储层。目前尚未发展出行之有效的用于描述致密砂岩的岩石物理解释模板,利用岩石物理解释模板进行多参数岩性识别在理论上并不完全成熟,致密砂岩定量的地震振幅解释也缺乏足够的应用方面实例。

针对上述现有常规技术中存在的难题,本次致密砂岩储层预测研究提供了一种基于多参数降维的储层岩性识别方法,通过多参数降维计算得到对储层岩性更为敏感的新参数,将计算新参数的函数关系应用到相关属性参数反演结果,计算得到该新参数数据体来完成储层岩性识别的目的。该技术明显提高了储层预测精度,使预测结果精度更高,计算结果更为可靠。

一种多参数降维方法包括以下主要步骤(图 2-17):

(1)根据地震属性分析以及地震相分析结果精细刻画、确定沉积相变线,确定目的层沉积相宏观展布情况,结合地质、测井资料完成相控建模工作,为叠前或叠后反演提供地质约束条件，进而通过地震反演获取如纵波阻抗、横波阻抗、纵横波速度比、密度参数、泊松比、体积模量、拉梅系数、弹性阻抗等多个属性参数反演数据体并计算相关的测井岩石物理数据。

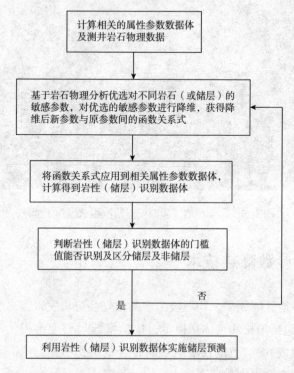

图 2-17　多参数降维计算方法实际应用步骤框图

（2）对测井曲线以及由纵、横波速度、密度测井曲线计算得到的岩石弹性参数曲线利用直方图统计分析以及交会分析技术，优选对储层岩性敏感的参数［优选的准则是单参数能将岩性（或储层）与其他岩性（或非储层）大致分开，或能在交会图上岩性（或储层）与其他岩性（或非储层）呈现分离的趋势］，然后对岩性（或储层）敏感的参数再次进行两两交会分析，通过多弹性参数降维的方法确定对岩性（或储层）最为敏感的新参数，并确定新参数与原参数之间的函数关系。

（3）以步骤（2）中的降维过程中得到的新参数与原参数的函数关系为基础，以步骤（1）中反演得到的相应属性参数数据体为输入，利用函数计算公式计算得到新属性参数数据体，即岩性（或储层）识别数据体。

（4）判断相关岩性（或储层）的门槛值进行岩性（或储层）与其他岩性（或非储层）的识别，若不能识别及区分岩性（或储层）与其他岩性（或非储层），则返回步骤(2)，否则进入下一步骤。

(5)设定相关岩性(或储层)与其他岩性(或非储层)的门槛值，利用岩性(或储层)识别数据体进行岩性(储层)识别，从而达到预测储层的目的。

实际操作中首先对优选出的岩性敏感参数1(近偏移距范围10°~20°叠加后的地震反演数据体)与参数2(远偏移距范围20°~30°叠加后的地震反演数据体)进行交会(图2-18)，从该图可看出，参数1与参数2在纵轴及横轴方向都无法完全将岩性区分开，但沿图中斜直线可以将不同岩性的分布区域划分开——圆形的储层岩性数据分布于斜直线左上方，其他岩性数据点(非储层)分布于斜直线右下方。

采用数学上的坐标系转换方法——以斜直线与横轴之间的夹角(θ)为旋转角度进行坐标系旋转，便可将图2-18中的坐标系转换为如图2-19所示的新坐标系(旋转后的坐标系横轴与斜直线平行，纵轴与该斜直线法向方向平行)，两坐标系的转换关系式如下，所示x、y为原坐标系中的坐标；x'、y'为相应新坐标系的坐标)：

$$x' = x\cos\theta + y\sin\theta \tag{2-3}$$

$$y' = y\cos\theta + x\sin\theta \tag{2-4}$$

顺时针旋转方向时，式(2-3)为降维算法，逆时针旋转时，式(2-4)为降维算法，这样利用新旧坐标系之间的数学转换关系，就可以求出新参数与原参数的函数关系式。

通过对比图2-18和图2-19可知，降维后的新弹性参数(纵轴方向)对岩性的识别能力与原参数相比有明显提高，以图中的直线为参考线可明显将圆形的储层岩性数据点与其他岩性(非储层)数据点区分开。

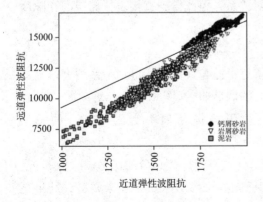

图2-18 井中近道、远道弹性阻抗交会图
(坐标系转换前)

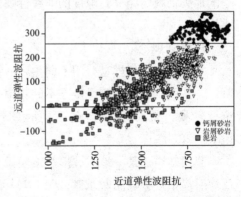

图2-19 井中近道、远道弹性阻抗交会图
(坐标系转换后)

通过降维后的岩性识别数据体的新曲线与不同岩性的对应更为一致，且新曲线在钙屑砂岩段与其他岩性在数值上差异更为明显，从而达到识别岩性的目的。降维的结果主要是便于确定不同岩性的门槛值，并从中区分出储层及非储层。当然也可以对岩性识别数据体实施多次相关岩性（储层）数据交会、降维操作，从而更好地剔除其他岩性而突出储层的位置信息，为精细地预测及识别储层服务。

2.5　分频孔隙度反演技术

通过对元坝地区多井的岩石物理分析，发现孔隙度和波阻抗之间没有相对明显的数学关系，利用波阻抗直接转换计算孔隙度会存在一定的多解性。同时考虑地震资料的分辨率有限性，并尽可能利用井点垂向信息以减少预测风险。依靠测井和地震数据，通过研究不同地层厚度下的振幅与频率之间的关系（AVF），将AVF作为独立信息引入反演，合理利用地震的低频、中频、高频频带信息，减少薄层反演的不确定性，得到一个高分辨率的反演结果。同时它也是一种无子波提取，无初始模型的高分辨率非线性反演。

对于薄层来讲，振幅（A）是波阻抗（AI）和厚度（H）的函数，振幅（A）是不同岩石成分含量（B）和孔隙度（ϕ）的函数，如反演根据振幅直接求孔隙度，是非线性问题。同一地层在不同的主频频率子波下会表现出不同的振幅特征（AVF特征），以这一特征为依据，对地震资料的有效频带进行分频处理。对于分频处理过后的地震资料，利用非线性方法（三参数控制的类似神经网络的学习方法），以叠前反演属性（反演的波阻抗体、密度体等）加上岩相体为约束，建立不同频率的地震资料与测井孔隙度的非线性映射关系，由此得到直接表征储层的孔隙度成果。

1）基础理论

对于一个楔状模型，用不同主频的雷克子波与其褶积，得到一系列合成地震剖面，从而得到振幅与厚度在不同频率时的调谐曲线（图2-20）。对图2-20(a)进行转换，就可以得到在不同时间厚度下振幅随频率变化（AVF）的关系[图2-20(b)]。

我们知道，某一地震波形是波阻抗（AI）和时间厚度（H）的函数。也就是说，反演时仅根据振幅同时求解AI和H，即已知一个参数求解两个未知数，结果是多解的。AVF向我们展示了一个重要规律：同一地层在不同的主频频率子波下会展现出不同的振幅特征。但从图2-20中可以看出AVF关系非常复杂，很难用一个显示函数表示，需用支持向量机(SVM)非线性映射的方法在测井和地震子波分解剖面上找到这种关系，利用 AVF 信息进行反演。

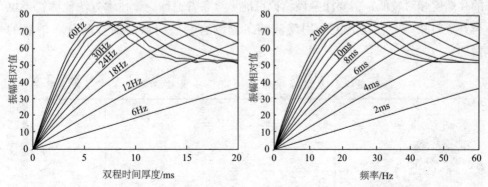

（a）不同双程时间厚度的频率及其对应的振幅关系　　（b）不同频率的双程时间厚度及其对应的振幅值关系

图2-20　不同时间厚度下振幅值随频率变化(AVF)的关系

SVM 由 Vapnik(1992 年)首次提出，它是一种类似神经网络的计算方法，可以作为模式分类和非线性回归。它是由 3 个参数控制的学习方法，克服了神经网络所存在的如局部最优、过度学习、网络不稳定等问题，是统计学习和人工智能中非常先进的算法。

分频反演首先要对地震数据进行频谱分析，确定数据的有效频带范围，利用小波分频技术将原地震数据分成低频、中频、高频等分频数据体，通过支持向量机(SVM)的方法计算出不同厚度下振幅与频率(AVF)之间的关系，将 AVF 关系引入反演，从而建立起测井目标曲线与地震波形间的非线性映射关系，得到反演结果。在分频反演过程中，由于加入了 AVF 关系，有效地降低了反演的自由度。

2)方法优选

我们分别用 BP 神经网络、支撑向量机(SVR)和遗传演化神经网络(EANN)3种方法进行预测。其中，EANN 方法计算的结果与井上实际数据吻合最好，平均相关系数达到94%，并以此结果展示了对储层孔隙度物性的表征。

3)反演效果

对于孔隙度预测结果，分别进行了以下两个方面的应用：①结合须四段的钙屑砂岩预测结果和测井解释，将孔隙度大于2%的钙屑砂岩定义为有效钙屑砂岩，并进行了有效钙屑砂岩厚度的统计；②对各层段分别进行平均孔隙度计算，得到各层段平均孔隙度平面图。

通过对过井的孔隙度物性反演剖面(图2-21)分析，致密砂岩中高孔隙度位置的分布基本上无规律可寻（图中的灰黑色区域）。但从该过井剖面图中看出，高孔隙的砂岩储层发育区域主要分布在背斜部位，而斜坡及向斜区域的砂岩储层的孔隙度相对较低，但要注意该结论可能不具备普遍性。该技术方法预测结果也与井资料相吻合，达到了利用反演结果预测有利砂岩储层的空间分布信息的目的。

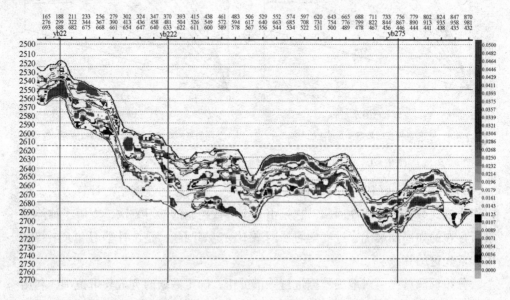

图 2-21   过 yb22 – yb222 – yb275 连井须四段的孔隙度物性反演剖面

3 砂岩储层裂缝预测

现阶段储层裂缝预测大多数情况下主要使用地震资料及其相关的地球物理技术来进行，当然还有其他的技术手段，如地球化学勘探方法、构造物理模拟、地质分析法等。地震勘探技术尤其是三维地震、井中地震（如 3D – VSP 技术）、四维地震技术等有助于准确认识复杂构造、储层非均质性和裂缝发育带，三维地震资料解释技术能优化井位和井轨迹设计，以提高探井（或开发井）成功率。

在利用地震方法进行裂缝检测的方法研究中，先后经历了横波勘探、多波多分量勘探和纵波裂缝检测等几个发展阶段。运用地震波在裂缝介质中传播理论，分析目的层系的地震波运动学、动力学响应特征的变化，可以预测储层裂缝发育带的空间方位及分布密度，这已成为裂缝型储层预测的一项重要内容。根据地震波传播特性的不同，地震储层裂缝发育带预测有纵波方法（如叠后地震资料预测、叠前地震资料预测）、横波方法（如地震转换波预测、地震多波多分量资料预测）之分。

近几年来，在用纵波地震资料进行裂缝勘探方面取得了长足的进步，并开始由以前的定性描述向利用纵波资料定量计算裂缝发育的方位和密度方向发展。目前储层裂缝地震预测技术包括：①基于地震构造解释和沉积分析的裂缝预测；②叠后地震属性裂缝预测；③叠前地震属性裂缝预测；④方位地震 P 波属性裂缝预测；⑤多波多分量地震属性裂缝预测；⑥地震与测井综合裂缝预测。

在地下的裂缝体系中，往往存在多种产状的裂缝，如高角度缝、低角度缝及网状缝。不同的地球物理技术经实践检验发现，不同的裂缝预测技术对不同产状的裂缝预测精度不同（图 3-1）。在实际操作中应加以区别应对，从而实现研究区内的裂缝预测。

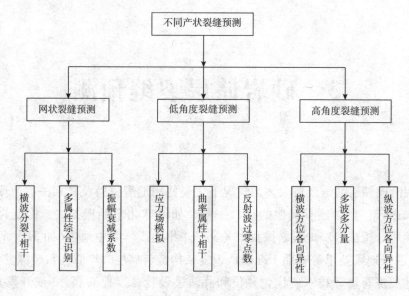

图 3-1 不同产状裂缝预测的相关地球物理技术示意图

3.1 相干体技术

地震相干体技术近年来得到了广泛应用，并且大量用于油气勘探中。该技术在断层识别、特殊岩性体的解释方面与常规三维数据体相比有显著的优势。相干体技术通过叠后地震数据体来比较局部地震道波形的相似性，相干值较低的点与反射波波形不连续性相关。对相干数据体做水平切片图，可揭示断层、岩性体边缘、不整合及裂缝等地质现象，为解决油气勘探中的特殊问题提供有利依据。

在反射法地震勘探中，由震源激发的脉冲波在向下传播过程中，遇到波阻抗分界面时，根据反射定理和透射定理会发生反射和透射，形成地震波。地震波在横向均匀的地层中传播时，由于各相邻道的激发、接收条件十分接近，反射波的传播路径与穿过地层的差别极小，故对反射波而言，同一反射层的反射波走时十分接近，同时表现在地震剖面上是极性相同且振幅、相位一致，称为波形相似。相干数据体技术正是利用这种相邻地震信号的相似性来描述地层和岩性的横向不均匀性的。具体地说，当地下存在断层时，相邻道之间的反射波在旅行时、振幅、频率和相位等方面将产生不同程度的变化，表现为完全不相干，相干值小；而对于横向均匀的地层，理论上相邻道的反射波不发生任何变化，表现为完全相干，相干值大。对于渐变的地层，相邻道的反射波变化介于上述两者之间，表现为部分相干。根据相干算法，对偏移后的地震数据体进行逐点求取相干值，就可得到一个对应的相干数据体。自从 1995 年 Bahorich 和 Farmer 提出相干体算法以来，已从第一代基于互相关的算法 C_1、第二代利用地震道相似性的算法 C_2 发展到第三代基于特征值计算的算法 C_3。

1）第一代相干数据体计算（C_1）

$$C_{12}(m) = \sum_{i=t+\frac{k}{2}}^{t-\frac{k}{2}} x(i)y(i-m) \tag{3-1}$$

式中，k 为时窗长度；m 的大小与地层的倾角大小有关。

时窗大小的选择必须适当，k 值过小，干扰的影响大；k 值过大，相干值之间的差别减小，不利于小构造识别，同时计算量增大。一般地，取 k 值为 $\left(\frac{1}{2} \sim 1\right)T^*$（$T^*$ 为视周期）。

$$C_{11}(m) = \sum_{i=t+\frac{k}{2}}^{t-\frac{k}{2}} x(i)x(i-m) \tag{3-2}$$

两道自相关函数分别为：

$$C_{22}(m) = \sum_{i=t+\frac{k}{2}}^{t-\frac{k}{2}} y(i)y(i-m) \tag{3-3}$$

（1）二维两道 C_1 算法。

在二维地震剖面选取相邻两道逐点求取 C_1 相干值，计算公式为：

$$C_1(m) = \frac{C_{12}}{(C_{11}C_{12})^{\frac{1}{2}}} \tag{3-4}$$

自动搜索 m 的值，计算得到最大的 C_1 作为该点的相干值。

$$C_1 = \max C_1(m) \tag{3-5}$$

（2）三维多道 C_1 算法。

三维情况要比二维情况多考虑一个方位角。三维三道的相干计算公式为：

$$C_1(m,n) = \left[\frac{C_{12}}{(C_{11}C_{22})^{\frac{1}{2}}} \cdot \frac{C_{13}}{(C_{11}C_{33})^{\frac{1}{2}}}\right]^{\frac{1}{2}} \tag{3-6}$$

式中，n 值的大小与地层的方位角有关。

分别自动搜索 m、n 的值，使计算所得到的最大值作为该点的 C_1 相干值。

$$C_1 = \max C_1(m,n) \tag{3-7}$$

对于多道情况：

设有 J 道地震数据，则计算公式为：

$$C_1(m,n) = \left(\prod_{j=2}^{J} \frac{C_{1j}}{\sqrt{C_{11}C_{jj}}}\right)^{\frac{1}{J-1}} \tag{3-8}$$

$$C_1 = \max C_1(m,n) \tag{3-9}$$

2）第二代相干数据体计算（C_2）

$$C_2 = \frac{\sum\limits_{m=n-\frac{N}{2}}^{n+\frac{N}{2}}\left(\sum\limits_{j=1}^{J} d_{jm}\right)^2}{J\sum\limits_{m=n-\frac{N}{2}}^{n+\frac{N}{2}}\sum\limits_{j=1}^{J}(d_{jm})^2} = \frac{u^{\mathrm{T}}Cu}{\mathrm{Tr}(C)} \tag{3-10}$$

式中，$d_{jm} = d_{jm\Delta t}$ 为地震数据，u 为归一化向量，可以由特征向量 $v_j(j=1,2\cdots J)$ 正交形成，即：

$$u = v_1\cos\theta_1 + v_2\cos\theta_2 + \cdots + v_J\cos\theta_J \tag{3-11}$$

故有

$$C_2 = \frac{u^{\mathrm{T}}Cu}{\mathrm{Tr}(C)} = \frac{\lambda_1\cos^2\theta_1 + \lambda_2\cos^2\theta_2 + \cdots + \lambda_J\cos^2\theta_J}{\mathrm{Tr}(C)} \tag{3-12}$$

3）第三代相干数据体计算（C_3）

对于数据体中的相干计算点，设样点号为 n，给定按一定方式组合的 J 道数据，取时窗长度为 N（N 取奇数），定义协方差矩阵 C：

$$C(p,q) = \sum_{m=n-\frac{N}{2}}^{n+\frac{N}{2}}\begin{bmatrix} d_{1m}d_{1m} & d_{1m}d_{2m} & \cdots & d_{1m}d_{Jm} \\ d_{2m}d_{1m} & d_{2m}d_{2m} & \cdots & d_{2m}d_{Jm} \\ \cdots & \cdots & \ddots & \cdots \\ d_{Jm}d_{1m} & d_{Jm}d_{2m} & \cdots & d_{Jm}d_{Jm} \end{bmatrix} \tag{3-13}$$

式中，$d_{jm} = d_j(m\Delta t - px_j - qy_j)$ 为对应的地震数据，p 和 q 为视倾角。对于每一组 p、q 值，都可以利用 J 道（空间组合）、N 个点的小数据体的信息来提取该计算点的相干属性值，由于以上协方差矩阵是对称的半正定矩阵，当原始数据矩阵的元素不全为零时，可以计算出它们的 J 个非负特征值，定义下式为第三代相干体的相干值：

$$C_3 = \max[C(p,q)] = \frac{\lambda_l}{\sum\limits_{j=1}^{J}\lambda_j} = \frac{\lambda_l}{\mathrm{Tr}(C)} \tag{3-14}$$

式中，分母是矩阵的迹，代表了协方差矩阵的能量，$\mathrm{Tr}(C) = \sum_{i=0}^{J} \sum_{j=0}^{J} C_{ij}$，这里

$C_{ij} = \sum_{m=n-\frac{N}{2}}^{n+\frac{N}{2}} d_{im} d_{im}$；分子是最大特征值，代表了优势能量。对于每一时间点，在给定的视倾角范围内，计算不同 p、q 时的相干值，取其中最大的相干值作为该点最终的相干结果。

实际计算时，为了提高运算速度，特征值可采用乘幂法计算，矩阵 C 的迹及各元素的和可用递推法计算。

3.1.1 相干数据体计算实现方法

相干体计算的基本思路是从地震数据空间的一点出发，计算纵向、横向波形相似系数或互相关函数，组合计算的值得到该点的相干属性；横测线两个方向并对数据体计算每一个点的相干值，最后得到整个相干数据体。相干数据体计算前应进行如下的处理：①网格点的分选：在水平面上将三维数据体分选成规则网格，例如 5m×10m 的数据体，分选成 10m×10m 的数据体，也可插值成 5m×5m 的数据体。② 平滑滤波：由于三维数据体中的一些数据有一定的随机性，使地震道常常出现"毛刺"，且可能出现个别由非地质因素所引起的异常（野值）。"毛刺"和野值的出现，对相干分析不利，因此需要做平滑处理。

3.1.2 相干技术参数的选择

1）相干方式的选择

主要有两种，第一种为正交模式，选用多个方向的地震道进行相干计算，能够满足多组系的裂缝预测。第二种为线形模式，只用了一个方向，适用于应力方向集中的单组系裂缝预测。

2）相干道数的选择

对于正交模式，参与的道数有 3 道、5 道、9 道。参与的道数越多，噪声压制越强，但具有平均效应，突出了大断层、较大尺度的裂缝发育带，但小断裂、小尺度的裂缝发育带反映不清楚。参与的道数越少，小尺度的裂缝发育带反映越清楚，但抗干扰能力越弱。所以在计算地震相干性时要根据研究地质目标的不同，来选择参与计算的相干道数。通过实际处理和综合比较，在知道断裂大致走向的情况下，采用垂直于断裂走向的单向 5 点组合或 9 点组合方式效果最佳，并且运算速度最快，因为平行于断裂走向的相干性会压制垂直于走向的不相干性，

最好不要选择同向的道数参加相干运算。

3）倾角搜索（ms/trace）

在给定的时窗范围内，目标道与相邻道的同一个同相轴进行相关就必须提供倾角校正功能，消除由地层倾角不同所造成的相关系数的差别，这样输出的相关系数才能真实地反映同一时代地层的断裂。对于平缓地层，则该参数取较小的值；对于陡构造地层，需要输入较大的参数。

4）相干时窗

相干时窗的选择一般由地震剖面上反射波视周期 T 决定。时窗过大，噪声压制强，具有平均效应，突出了地质尺度的裂缝发育带，但小尺度的裂缝发育带反映不清楚。时窗太小，计算出的低相干区带不是裂缝发育带而是噪声。因此在包括一个完整的波峰或波谷范围内，尽量选用小时窗，这样预测的结果分辨率高、裂缝发育带清楚。

3.1.3 应用实践

对元坝地区陆相须二段进行相干切片分析（图3-2），可见大断裂附近的裂缝相对发育，呈大面积分布的淡黑色低相干区域，裂缝呈低相干值及淡黑色点—线状展布，强发育的小型、中型裂缝的分布区域总体上与区域大断裂（黑色线状展布）的走向一致，也呈北北东向或近南北向。中部、东部的裂缝相对发育，主要是该区域的断层相对发育且呈密集状，而西部的裂缝相对比中部、东部呈减弱趋势，主要体现为该区内的断层相对不发育并且断层的延伸长度不长。图中的杂乱、淡黑色无规律的块斑状区域推测为小型、中型规模的裂缝相对发育，这也为一些井资料所证实。

利用相干技术也可以实施岩性体预测，通常按目的层的不同时窗间隔提取沿层相干切片进行对比分析。根据元坝研究区内已有须二段的钻井资料分析显示，区内的河道沉积主要是河道砂，孔隙度相对较高，是本区有利的含气储层；而河道外是泥质沉积，储层相对致密。所以由于岩性差异导致河道地震反射与河道外的地震反射是有区别的，即该层段不同区域上的反射波形有差异，可以利用相干体沿层切片技术来对其进行描述。实际应用中对元坝地区须二段砂岩储层进行相干切片（图3-3），切片分析位置从下而上按等时间隔分为①、②、③、④个切片段，其中辫状河三角洲时期为3个，即①、②、③，湖相时期的相干体切片为④。

图3-2　元坝地区须二段相干切片平面图

　　首先，对4个相干体切片进行分析，4个切片形态都不一样，表明其结果对应不同的沉积相和地质体。①～③期发育有河道相(图3-3中的灰色虚线)，其中串沟型、颈切型和决口改道型(图3-4)沉积相均可在平面图上找到，一般呈断续、局部淡黑色、黑色斑块状分布。图中西北方向的河道相最为发育，向东南方向则呈减弱态势。相干体切片上显示，河道相呈低相干性(黑色部分)，不是河道沉积的呈则发白(高相干)状态。另可见河道相呈蚯蚓状，曲折型。

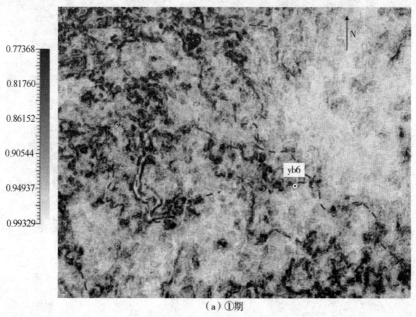

(a) ①期

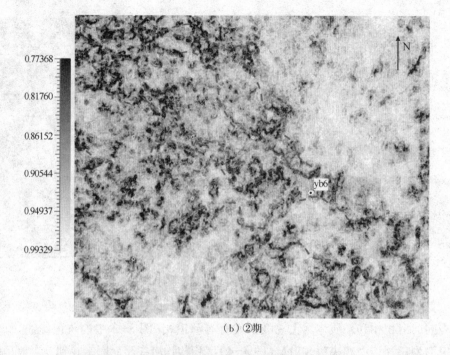

（b）②期

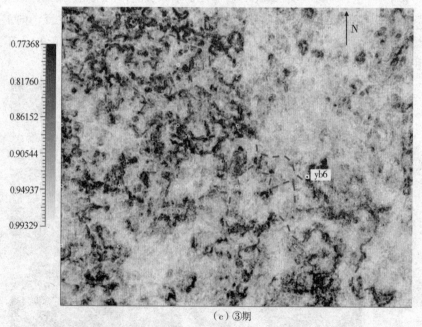

（c）③期

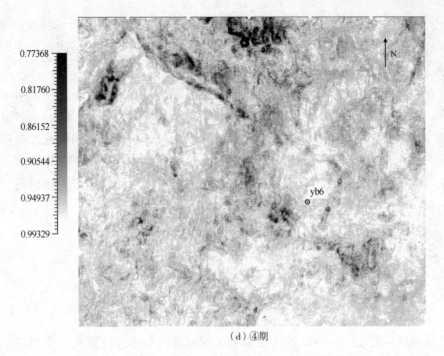

（d）④期

图3-3 元坝地区须二段不同时期（①～④期）相干体切片

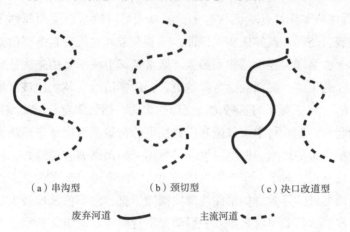

（a）串沟型　　　　（b）颈切型　　　　（c）决口改道型

废弃河道 ——————　　　主流河道 ----------

图3-4 废弃河道组合类型

　　不同的切片分析也显示研究区须二段时期河道相其流动方向呈频繁改变、袭夺，易造成大量的牛轭湖，到④期后，由于湖水水位上升而使河道相不发育（河道朝西北方向后退），且原先的河道也被上覆泥质充填，所以整个相干体切片呈高相干性（颜色发白），这也表明该时期沉积的物性较为一致所致。总体上①～③期的相干切片显示为典型的辫状河三角洲水下分流河道发育，河道总体上呈北西—东南向分布，发育多期次河道、流向易改变、河道具有上下叠置亦具有继承性的特点，河道相内由于沉积砂体（具有一定厚度）而使其与河道外的泥质沉积所引起的地震反射波形态有明显不同。

在 yb6 井钻遇的须二段发现优质的砂岩储层，油气显示较好。相干切片上显示，①、②、③期切片均清晰地显示出该井钻遇河道相（黑色部分），河道走向为东南、呈弯曲状，预测情况和钻井资料吻合较好。这也说明研究区内辫状河三角洲相中的水下分流河道是油气的富集区域，寻找这些水下分流河道对油气的勘探开发具有重要意义。另外，这也说明利用相干体预测岩性体的边界是可行的。

3.2 曲率技术

3.2.1 曲率技术简介

曲率属性在 20 世纪 90 年代中期引入到解释流程中，计算方式为用层面计算，其结果显示与露头资料上存在的断裂有很紧密的联系（Lisle，1994；Roberts，2001）。最近体曲率属性开始流行起来，解释人员可以从沿层面属性上识别出小的扰曲、褶皱、凸起、差异压实等特征，这些在常规地震资料解释时是无法追踪的、相干体上也呈现为连续低相干特征。通常意义上曲率是用来表征层面上某一点处变形弯曲的程度。层面变形弯曲越厉害，曲率值就会越大，该区域的裂缝则相对发育（图 3-5）。如果将这些构造变形如扰曲、褶皱等定量结果与更常规的断裂图像结合起来，地质科学家就能利用井控下的构造变形模型来预测古应力和有利于天然裂缝分布的区域。曲率属性除了可用于刻画断裂和裂缝外，还能对一些地质特征进行呈现。对于一个二维的曲线而言，曲率可以定义为某一点处正切曲线形成的圆周半径的导数。如果曲线弯曲褶皱厉害，曲率值就比较大，而对于直线不管水平或倾斜其曲率就是零。一般情况下背斜特征时定义曲率值为正值，向斜特征定义曲率值为负值。

二维曲线曲率的简单定义方式可以延伸到三维曲面上，此时曲面则由两个互相垂直相交的垂面与曲面相切。在垂直于层面的面上计算的曲率定义为主曲率，同时可以计算最大和最小曲率，这两种曲率正好是互相垂直的。通常采用最大曲率来寻找断裂系统。

图 3-5　地层的曲率值越大则该部位的裂缝相对发育(川东南地区)

在属性领域内计算体曲率属性是重大的的变革。利用三维地震层位计算出来的曲率属性在预测断层和裂缝中的应用已经有很多成功经验。一些曲率特征与在露头资料上观察到的开启裂缝比较吻合(Lisle，1994)，或者与生产资料一致(Hart 等，2002)。基于层位计算的曲率属性不仅受限于解释人员的追踪水平，还受目标层在三维资料中反射能量水平有关。如果资料中含有噪声或者岩性界面不呈现强反射界面时层位追踪是很困难的。近些年开始进行体曲率属性计算，这种方式就能减少层位追踪的影响(Al – Dossary、Marfurt，2006)。其计算过程简单表述为：首先计算倾角属性和方位角属性体，这样每个样点处都有最佳的单倾角属性，然后比较邻近样点的倾角和方位角计算曲率，获得整个三维体的曲率属性。实际计算中可以计算出很多类型的曲率属性，其中最大正曲率、最大负曲率属性是最常用的。体曲率在刻画微小扰曲和褶皱时很有用处。除了断层和裂缝识别外，一些地层特征如河堤、点砂坝以及与断裂相关的成岩特征如岩溶、热液化白云岩等都能在曲率属性图上有很好的呈现，有差异压实作用的河道也能反映出来。

3.2.2　曲率技术计算原理

在储层预测和油藏识别中，曲率属性对应于地震反射体的弯曲程度，对地层褶皱、弯曲、断层、裂缝等反应敏感，对寻找地质体构造特征效果显著。

1）曲率属性的概念及物理意义

曲率是曲线的二维性质，描述曲线上任意一点的弯曲程度，曲线上某点的角度与弧长变化率之比是其在数学上的表示，也可表示成该点的二阶微分形式，如图3-6和图3-7所示。

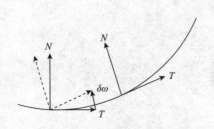

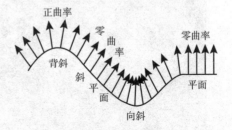

图3-6 曲线的曲率示意图 　　　图3-7 地层几何结构与曲率的关系

$$\kappa = \frac{\mathrm{d}w}{\mathrm{d}s} = \frac{2\pi}{2\pi R} = \frac{1}{R} = \frac{\mid \mathrm{d}^2y/\mathrm{d}x^2 \mid}{[1 + (\mathrm{d}y/\mathrm{d}x)^2]^{3/2}} \tag{3-15}$$

当地层为水平层或斜平层时定义曲率为零，背斜时为正，向斜时为负（图3-7）。在三维空间中，通过周围各点拟合而成的空间曲面可以计算任意点 P 的曲率（图3-8），其中 K_1、K_2 为相互正交的法曲率。

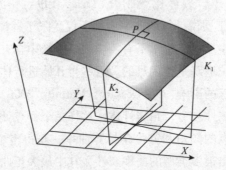

图3-8 三维空间中某点的曲率示意图

在同一曲面上可以定义不同的曲率属性，局部形态检测可以通过组合不同的曲率属性而得到，由此曲率的实际地质构造与数学概念可以很好地联系起来。二维趋势面方程可以表示空间中的任意曲面：

$$f(x,\ y) = ax^2 + by^2 + cxy + dx + ey + f \tag{3-16}$$

类似于曲线曲率的定义，趋势面方程可以计算曲面上任意一点的曲率，构造面上各点的切平面在构造曲面的弯曲程度很小时近似为水平，一阶微分近乎于0，因此式（3-16）可近似简化为：

$$\kappa = \frac{|\mathrm{d}^2 y/\mathrm{d}x^2|}{[1+f'(x,\ y)^2]^{3/2}} \approx |f''(x,\ y)| \tag{3-17}$$

式(3-17)即是曲率属性计算的数学基础。

2）体曲率分析原理

曲率属性根据所计算的数据源可分为三维体曲率属性和二维层面曲率属性。体曲率属性则通过计算三维地震数据体中任意点及其周边道和采样点的视倾角值获得空间方位信息，再拟合出趋势面方程从而得到曲面上该点的曲率属性。所需的切片信息可通过体曲率按照所解释的层位、深度或时间而得到，由此我们可以获得较为准确的地质构造信息，更加精细地进行地质解释。

在几何地震学中，三维地震反射体空间上的任意反射点 $r(x,\ z,\ y)$、$u(t,\ x,\ y)$ 被看作是时间标量，反射面沿不同方向上的变化率则是由梯度 $\mathrm{grad}(u)$ 来反映，即某个指定反射点的视倾角向量是一阶导数，它是通过反射面沿着方向矢量所在的法截面截取曲线所获得的。

$$\mathrm{grad}(u) = \frac{\partial u}{\partial x_{\vec{i}}} + \frac{\partial u}{\partial x_{\vec{j}}} + \frac{\partial u}{\partial x_{\vec{\kappa}}} = p_{\vec{i}} + q_{\vec{j}} + r_{\vec{\kappa}} \tag{3-18}$$

式中，p、q、r 分别为沿 x、y 和 t 方向上的视倾角分量。

将视倾角 p、q 带入式(3-17)中，得到沿 x 方向和 y 方向的曲率分量为：

$$\begin{cases} \kappa_x = \dfrac{\partial^2 u(t,x,y)}{\partial x^2} \Big/ \left\{1+\left[\dfrac{\partial u(t,x,y)}{\partial x}\right]^2\right\}^{3/2} = \dfrac{\partial p}{\partial x}\Big/(1+p^2)^{3/2} \\ \kappa_y = \dfrac{\partial^2 u(t,x,y)}{\partial y^2} \Big/ \left\{1+\left[\dfrac{\partial u(t,x,y)}{\partial y}\right]^2\right\}^{3/2} = \dfrac{\partial p}{\partial y}\Big/(1+p^2)^{3/2} \end{cases} \tag{3-19}$$

可见，一个三维地震数据体可以先转化为倾角数据体，然后再计算其中任意点的曲率。

相比于层面曲率属性，体曲率属性能更加精确地获得地质构造。因为它是通过计算数据体中任意点及其周边道和采样点的视倾角值来获取空间方位信息，再拟合出曲面方程得到相应的曲率属性。

3）体曲率寻优扫描

随着地震几何属性的发展，地震几何属性以应用效果好、使用简单、计算速度快、收资料条件限制小等特点，很快受到业界的追捧，成为裂缝预测的主流技术。在地震几何属性方面，FracPM 全局优化扫描算法将模拟退火全局寻优方法应用在地震同相轴的几何形态扫描上。

FracPM 根据模拟退火原理的曲面寻优过程如下：

第一步：假设时间 $i=0$ 时的地震同相轴是一个平面。在一定横向范围内，计算多道的协方差矩阵，其中任意两道的协方差可用下式计算：

$$c(\tau,p,q) = \frac{\sum\limits_{\kappa=-K}^{K}\left\{\left[\sum\limits_{j}\mu(\tau+\kappa\Delta t - px_j\Delta x - qy_j\Delta y,x_j,y_j)\right]^2 + \left[\sum\limits_{j=1}^{J}\mu^H(\tau+k\Delta t - px_j\Delta x - qy_j\Delta y,x_j,y_j)\right]\right\}}{J\sum\limits_{\kappa=-\kappa}^{K}\sum\limits_{j=1}^{J}\left\{\left[\mu(\tau+k\Delta t - px_j\Delta x - qy_j\Delta y,x_j,y_j)\right]^2 + \left[\mu^H(\tau+k\Delta t - px_j\Delta x - qy_j\Delta y,x_j,y_j)\right]^2\right\}}$$

$$(3-20)$$

式中，$c(\tau,p,q)$ 是协方差值，$u(t_{ij}，x_i，y_j)$ 位置（line $=i$，cdp $=j$）的地震道数据。

通过协方差矩阵的特征值计算相干：

$$sim_k = \frac{\lambda_1}{\sum\limits_{i=0}^{M}\sum\limits_{j=0}^{M}\lambda_{i,j}} \tag{3-21}$$

第二步：用倾角步长 $\Delta dip\_p_{i,j},\Delta dip\_q_{i,j}$（可变步长，开始时步长大，随着时长逐步变小）对平面进行扰动，使平台变成一个曲面。重新计算协方差矩阵的相干：sim_{k+1}，同时比较相干值的变化：

如果 $sim_{k+1} < sim_k$，用下式计算接受概率：

$$\Delta\phi = \frac{sim_{k+1}}{sim_k} \qquad p = e.\,p(\Delta\phi/T) \tag{3-22}$$

如果 $sim_{k+1} > sim_k$，则接受 sim_{k+1} 为下一步迭代的当前解。

第三步：按照一定的准则调整迭代步长（降温）进行迭代，步长先大后小，以使计算寻优过程精度逐步提高。迭代的同时计算 $\Delta\phi = \frac{sim_{k+1}}{sim_k}$，如果 $\Delta\phi$ 达到了门槛值或迭代次数达到了最大迭代次数，则停止迭代。

图 3-9　地震几何属性
FracPM 优化扫描方法

在精细扫描的基础上计算曲率（图 3-9），曲率是内切圆半径的倒数。因此曲率有尺度的概念，扫描的横向范围小，计算的内切圆的半径就小，这时的曲率属性反映的是局部的扭曲形变，小尺度曲率突出的是断裂，是大裂缝。反之，扫描半径大，计算的内切圆半径大，得到的是大尺度曲率，除断裂外，大尺度曲率还能反映褶皱信息。

利用基于新一代优化扫描的曲率技术，可以精确捕捉地震同相轴的形态特征，在此基础上计算曲率属性。根据计算结果，将平面上每点处的最大主曲率值进行作图，得到曲率分布图，再进行裂缝分布评价。一般情况下，曲率值越大则表明该区域的裂缝发育相对较强；否则，则裂缝相对不发育(表3-1)。

表3-1　某构造须家河组曲率、裂缝发育程度与气产量关系

构造位置	井号	曲率值	裂缝密度/（条/m）	气产量		与断层关系
				测试产量/（$10^4 m^3/d$）	无阻流量/（$10^4 m^3/d$）	
高点附近	pl1	0.22	3.85	35.03	45.03	断层末端
高点附近	pl2	0.4	6.37	60.77	104.38	断层交汇处

3.2.3　应用实践

构造层面的曲率值反映岩层弯曲程度的大小，因此岩层弯曲面的曲率值分布，可以用于评价因构造弯曲作用而产生的纵张裂缝的发育情况。计算岩层弯曲程度的方法很多，如采用主曲率法。根据计算结果，将平面上每点处的最大主曲率值进行作图，得到曲率分布图，从而进行裂缝分布评价。一般来讲，如果地层因受力变形越严重，其破裂程度可能越大，曲率值也应越高。由于曲率属性的检测尺度较小，对地层褶皱的敏感度比较高，可能受到噪声的影响，因此运用曲率体属性进行计算前，也同样也可以做滤波去噪等预处理工作，其结果成像效果更好，对断层或裂缝的刻画更加清晰。

由图3-10及图3-11可知，裂缝发育强度最大的区域为与断层相伴生的区域(图中的灰白色区域)，该区域表现出最大负曲率小值的情况(负值)。通常情况下，曲率(负值)越小则裂缝越发育，主要位于地层变形剧烈的部位，这些部位一般是由断层及褶皱所造成的。从须二段及须四段的曲率属性上来看，两者具有一定的相似性及继承现象，即地层越向上则裂缝相对发育。

3.3　方位地震 P 波属性裂缝预测

方位地震 P 波属性裂缝预测又称为纵波方位各向异性裂缝检测。如果岩石介质中的各向异性是由一组定向垂直的裂缝引起的，根据地震波的传播理论，当 P 波在各向异性介质中平行或垂直裂缝方向传播时具有不同的旅行速度，从而导致 P 波地震属性随方位角的变化，分析这些方位地震属性的变化(如振幅

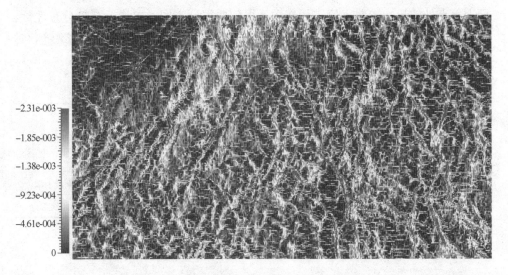

图 3-10　元坝地区须二段最大负曲率属性平面图

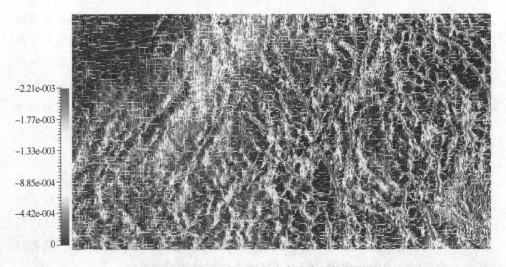

图 3-11　元坝地区须四段最大负曲率属性平面图

随方位角变化、振幅随炮检距和方位角变化、速度随方位角变化、传播时间随方位角变化、频率随方位角变化、波阻抗随方位角变化等),可以预测裂缝发育带的分布以及裂缝(特别是垂直缝或高角度缝)发育的走向与密度。较基于常规叠后地震资料的裂缝检测精度更高,其检测结果与裂缝发育带的微观特征有更加密切的关系。目前方位地震 P 波属性裂缝预测方法主要有:①AVA 分析法;②VVA 分析法;③IPVA 分析法;④FVA 分析法;⑤AVAZ(方位 AVO)分析法。

3.3.1 AVA(方位 AVO)分析法

方位 AVO 又称 AVA。AVA(Amplitude Variation with Azimuth)或 RVA (Reflection Amplitude Variation with Azimuth)是指反射振幅随方位角变化的地震属性。如果岩石介质中的各向异性是由一组定向垂直的裂缝引起,那么,根据地震波的传播理论,当 P 波在各向异性介质中平行或垂直于裂缝方向传播时具有不同的旅行速度,从而导致 P 波振幅相应的变化。AVA 法裂缝预测是利用方位地震数据来研究 P 波振幅随方位角的周期变化,估算裂缝的方位和密度。反射 P 波通过裂缝介质时,对于固定炮检距,P 波反射振幅相应 R 与炮检方向和裂缝走向之间的夹角 θ 有如下关系:

$$R(\theta) = A + B\cos2\theta \tag{3-23}$$

式中,A 为与炮检距有关的偏置因子,B 为与炮检距和裂缝特征相关的调制因子,$\theta = \varphi - \alpha$ 为炮检方向和裂缝走向的夹角,φ 为裂缝走向与北方向的夹角,α 为炮检方向与北方向的夹角(图 3-12)。仿照简谐震荡特征,式(3-23)中 A 可以看成均匀介质下的反射强度,反映了岩性变化引起的振幅变化;B 可以看成定偏移距下随方位而变的振幅调制因子,其大小决定了储层裂缝的发育程度。当 B 值大、A 值小时,裂缝发育好。当 B 值小、A 值大时,裂缝不发育,因此 B/A 是裂缝发育密度的函数。这种关系可近似用以椭圆状图形来表示(图 3-13)。当炮检方向平行于裂缝走向时($\theta = 0°$),振幅($R = A + B$)最大;当炮检方向垂直于裂缝走向时($\theta = 90°$),振幅($R = A - B$)最小。理论上只要知道 3 个方位或 3 个以上方位的反射振幅数据就可利用上式求解 A、裂缝方位角 θ 及与裂缝密度相关的 B,从而得到储层任一点的裂缝发育方位和密度情况。

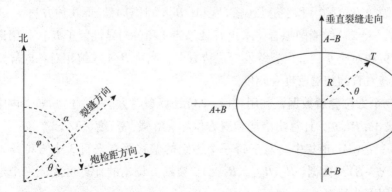

图 3-12 方向夹角关系示意图   图 3-13 地震反射振幅随方位角变化示意图

图 3-14 是振幅随入射方位角变化曲线，从图中可看出当入射方位角为 0°时，反射振幅最大，当入射方位角为 90°时，反射振幅最小。某一特定入射方位角的地震反射振幅可由上式近似计算得到。通常认为裂缝方位角 θ 为稳定的，A、B 值很高的地方被认为是具有经济价值的裂缝带。

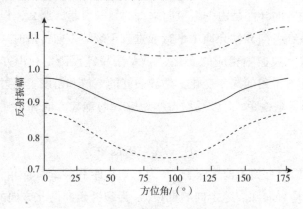

图 3-14　振幅随入射方位角变化示意图

在三维地震资料保真、保幅和地表一致性处理的基础上，对动校正三维 CMP 面元道集地震数据体，进行 P 波方位各向异性(AVA)属性处理，其主要处理步骤如下：①扩大面元(又称宏面元组合)；②对道集内的地震道进行方位角定义；③方位角道集选排(按一定角度大小进行方位角划分，形成方位角道集)；④方位角道集叠加处理(对方位角道集内的地震道进行叠加或部分叠加，形成多个三维方位角叠加数据体)和方位偏移处理；⑤储层标定和层位拾取；⑥AVA 处理(对目的层提取 AVA 属性)。在上述处理的基础上再对目的层的 AVA 属性进行分析和沿层裂缝方位(θ)、裂缝强(密)度(B/A)计算以及裂缝预测。

关于沿层裂缝方位(θ)和裂缝强(密)度和(B/A)计算有以下几种方法：

(1)通过式(3-23)做椭圆拟合，求出背景趋势 A 和各向异性因子 B；利用最大振幅包络方位和对应 θ；求出裂缝发育优势方向；利用 B/A 求解相对各向异性因子，对应裂缝发育的相对密度和幅度。

(2)使用 3 个方位叠后数据，利用式(3-23)计算裂缝方向 ϕ。已知 ϕ，再用式(3-23)求取 A、B、θ，计算出沿层裂缝方位和裂缝强(密)度(B/A)。

如果在每一个 CMP 道集中，对于每一个固定的偏移距有来自 3 个方位角入射(ϕ、$\phi+\alpha$、$\phi+\beta$)的数据(R_ϕ、$R_{\phi+\alpha}$、$R_{\phi+\beta}$)，裂缝方位角的计算可变成一个定解问题，可利用下式计算：

$$\varphi = n\pi + \frac{1}{2}\mathrm{arctan}\left[\frac{(R_\phi - R_{\phi+\beta})\sin^2\alpha - (R_\phi - R_{\phi+\alpha})\sin^2\beta}{(R_\phi - R_{\phi+\alpha})\sin\beta\cos\beta - (R_\phi - R_{\phi+\alpha})\sin\alpha\cos\alpha}\right]$$

$$(3-24)$$

其中，$n = 0$，1，2，$\cdots$。使用每个 CMP 点的 3 个方位叠加数据，式(3-24)给出了裂缝方向的唯一解。

(3)对于叠前地震资料，可以对每个偏移距都使用式(3-23)，求得所有偏移距的裂缝走向，再加权平均，即得到总裂缝走向。

(4)对于三维宽方位角地震资料，在给定的每个 CMP 道集有多个入射方位角地震反射数据时，裂缝发育方向和密度的确定变成一个超定问题。计算方法有两种：LS 法(最小平方拟合法)和 MES(多重确定解法)。

对于超定方程可采用对 CMP 振幅包络的方位角道集做最小平方误差拟合，使目标函数 F 最小化，如式(3-6)所示。

$$F = \sum_{i=1}^{n}\left[A + B\cos 2(\alpha_i - \theta) - R_i\right]^2 \rightarrow \min \qquad (3-25)$$

得到 A、B、ϕ 及 B/A，θ 是裂缝方位角，B/A 是对应裂缝方位角裂缝发育的相对似然性指示，或称为裂缝的相对密度和幅度。

3.3.2 VVA 分析法

VVA (Velocity Variation with Azimuth)是指速度随方位角变化的地震属性。当 P 波在各向异性介质中平行或垂直于裂缝方向传播时具有不同的旅行速度。VVA 法裂缝预测是利用方位地震数据来研究 P 波速度随方位角的周期变化，估算裂缝的方位和密度。反射 P 波通过裂缝介质时，在固定炮检距的情况下，层速度(V)随方位角的变化可简化表达为：

$$V(\alpha) = A + B\cos\left[2(\theta - \alpha)\right] \qquad (3-26)$$

式中，A 为速度的偏置因子(即地层基质速度)；B 为速度的调制因子(即速度随角度变化量，是裂缝发育密度的函数)；θ 为裂缝方位角；α 为测线方位角。式(3-26)同样也可近似用一个椭圆状图形(图 3-15)来表示。式中的 A、B 和 θ 可用与 AVA 中相同的计算方法求得。

层速度由旅行时计算而得，不会受到振幅误差的影响。使用非双曲时距曲线及广义 Dix 公式对裂缝性地层的层速度进行分析，可以提高计算的精度。Craft (1997)指出，对于不同方位角的测线，采用双曲时差独立进行速度分析，可得到叠加速度(NMO 速度)，并可求取均方根速度；再利用 Dix 公式计算出目的层不同方位的层速度，高精度的层速度还可以通过地震反演得到。

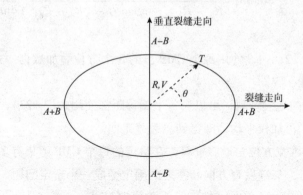

图3-15　速度随方位角变化示意图

3.3.3　IPVA 分析法

在各向异性介质中，速度是方位角的余弦函数，波阻抗 IP 也必然是方位角的余弦函数，即

$$IP = A_{IP} + B_{IP}\cos2\theta \qquad (3-27)$$

方位波阻抗（IP）可以通过方位速度和方位振幅反演求取。如果有 3 个或 3 个以上的方位角波阻抗数据，便可仿照式（3-24）或式（3-25）求解 A_{IP}、B_{IP} 和 θ，而超定问题又可看作是许多正定问题的集合。对求出的许多确切解进行拟合得到 A、B 及 θ 的唯一解，就可得到任一点高分辨率裂缝发育的方位和密度属性。

3.3.4　FVA 分析法

FVA（Frequency Variation with Azimuth）是指频率随方位角变化的地震属性。当 P 波在具有垂直裂缝各向异性介质中平行或垂直于裂缝方向传播时会因地震波频率变化。FVA 法裂缝预测是利用方位地震数据来研究 P 波频率随方位角的周期变化，估算裂缝的方位和密度。

3.3.5　AVAZ 分析法

AVAZ（Amplitude Variation with Angle and Azimuth）是地震反射振幅随入射角和方位角变化的地震属性，又称方位 AVO 属性。地震波在各向异性介质中传播时会发生 AVO 属性随方位角的变化，AVAZ（AVOA）法裂缝预测是利用方位地震数据来研究 P 波 AVO 随方位角的周期变化,来检测裂缝(特别是垂直缝或高角度缝)发育的方位和密度。

通过对不同方位角裂缝储层 AVO 模型研究表明:当地震波传播方向与裂缝走向的夹角逐渐增大时,反射系数随入射角的增大而减小;含水平裂缝地层的 AVO 截距逐渐减小,斜率逐渐增大;垂直裂缝地层的 AVO 截距逐渐增大,斜率逐渐减小。

3.3.6 应用实践

裂缝性砂岩储层的各向异性与非均质性是致密砂岩储层勘探开发的难点所在,关键是对砂岩储层中裂缝的方向、密度和开启程度等参数的描述。前人研究证明:地震波在裂缝介质中传播时表现出方位各向异性。因而,可依据地震波的方位各向异性对地下裂缝进行描述。

在裂缝介质中,地震波的传播特征在不同方位角下表现出不同的物性特征,即地震波的振幅、频率、速度与传播途径有关。这种特征称为地震波的方位各向异性。以 HTI 介质(也称为 EDA 介质,即扩容性各向异性介质)模拟如构造应力产生的空间定向排列的垂直或接近垂直的裂缝(图 3-16)。在裂缝发育带,地震波传播时表现出明显的方位各向异性特征。

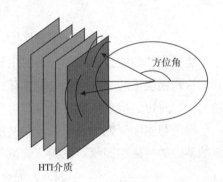

图 3-16 HTI 介质中地震波传播示意图

Kuster 和 Toksoz 研究表明:在相同孔隙度条件的情况下,细小裂缝比圆形孔隙对速度的影响更显著。在砂岩中小于 0.01% 裂缝孔隙度能导致地震纵波和横波速度降低 10% 以上(图 3-17)。因此,裂缝的方向、密度和开启程度对纵波和横波速度产生很大的影响并产生较强的地震方位各向异性。裂缝对振幅随方位角变化特征的影响是随偏移距增加而逐渐增加,较大的偏移距使得由裂缝引起的振幅随方位角的变化变得更加明显。因此,可以利用方位振幅随偏移距变化(AVO)属性检测地下裂缝的存在。尤其含油气的储层裂缝密度越大,同一偏移距下振幅的方位角变化就越大。由此可见,裂缝引起的地震方位各向异性特征明显,应用叠前地震资料进行裂缝分布的研究是切实可行的。

垂直的裂缝、斜交分布的裂缝和网状结构的裂缝等都是造成地震波在传播过

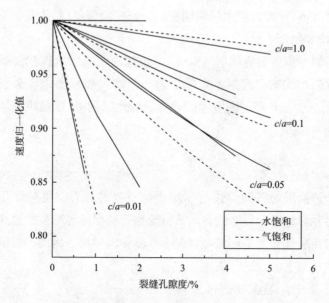

图 3-17　裂缝孔隙度与纵波和横波速度关系（MIT, 1988）

程中能量衰减和能量不均匀分布的主导因素。高密度裂缝会引起地震波散射增强并加快地震能量的衰减。裂缝越发育，引起的地震波散射现象越明显，能量变化越大，同时也会造成地震波频率产生变化。

　　理论与实际研究均表明：地震 P 波沿垂直于裂缝与平行于裂缝方向，其地震波的动力学特征如振幅、主频、衰减等的变化特征与传播方向存在一定相关性。

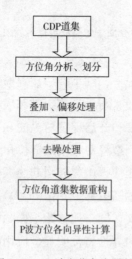

图 3-18　P 波方位各向异性
裂缝检测流程示意图

因而，完全可以利用地震资料提取地震方位属性如振幅、速度、主频、衰减等，检测储层的裂缝分布特征。

　　1）P 波方位各向异性计算分析流程

　　通过对叠前方位角处理为裂缝检测提供所必需的地震数据，对进行 P 波各向异性检测有较大的影响，实际操作中要重视该步骤。针对利用方位角道集进行裂缝检测的需要，采用的处理技术流程如图 3-18 所示。

　　方位角处理为针对该工区储层裂缝检测，并根据工区实际地震资料情况，地震资料处理中要求资料保幅。虽然每一个方位角数据覆盖次数降低，但是在处理过程中应尽可能地既保证信噪比又能保证覆盖次数的一致性，使得处理后得到各个数据保持真实性和一致性,这是处理的关键,也是后续裂缝检测的重要基础。

通过对元坝地区地震采集观测系统分析,初步确定了关于陆相须二、须四段致密砂岩段的方位角划分方案。划分原则为偏移距限制在 300~3800m,并划分 6 个方位角数据体,方位角范围分别为 0°~20°、20°~40°、40°~90°、90°~140°、140°~165°、165°~180°。大量研究表明:接近零偏移距的数据道,其地震各向异性强度非常弱,甚至其各向异性强度为零,这对裂缝分析是没有意义的;而较大偏移距(偏移距末梢)的道,各个方位角分布不均匀和信噪比很低,这些会造成伪各向异性。因此,在实际操作中应去掉小偏移距和较大偏移距的地震数据,以保证各个方位角地震数据的覆盖次数基本一致。

各个方位角划分分析与相应地震剖面如图 3-19 所示,从各个方位角道集处理剖面可以看出:首先,yb2 井中的须二段储层段(白色方框内)在不同方位角道集上所得的地震剖面中的反射振幅不同,这正是对 P 波各向异性的反映;其次,地震剖面信噪比相对较高、分辨率高,特别是处理保幅效果好,这些都有利于后续的 P 波各向异性裂缝检测;再次,也可通过对各个方位角叠加、偏移剖面上的储层段的反射振幅强弱的差异来确定储层裂缝段的发育位置,并可在裂缝发育段上布设勘探井。

2)P 波方位各向异性正演

利用测井资料和钻井资料,建立 yb12 井须二段的岩石物理模型,利用三维有限差分全波动模拟算法计算地震波在各个方位角上的地震响应。在致密砂岩段裂缝充填气情况下,分析地震属性随偏移距和方位角的变化特征,进而计算地震各向异性。

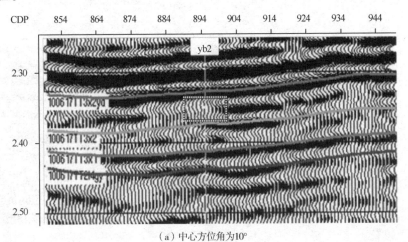

(a)中心方位角为10°

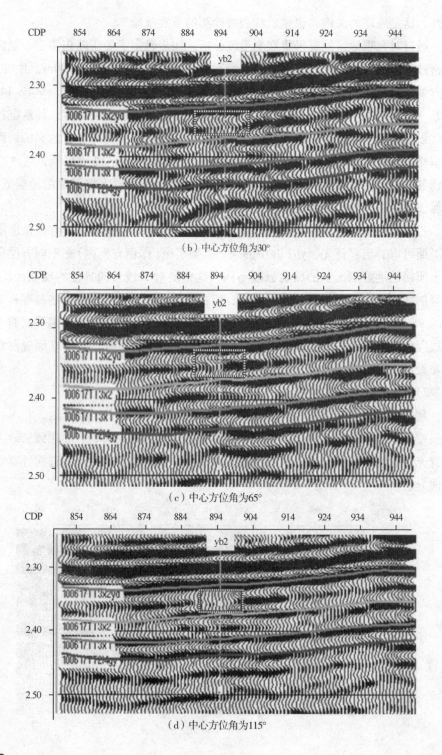

（b）中心方位角为30°

（c）中心方位角为65°

（d）中心方位角为115°

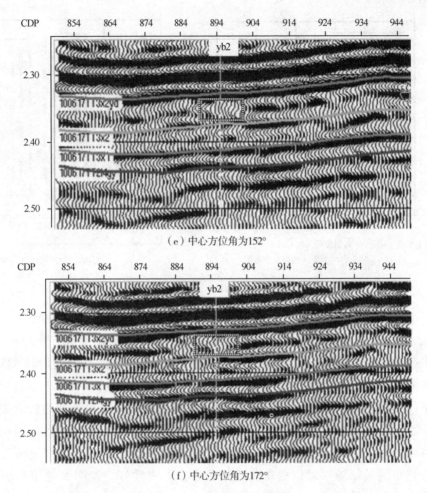

（e）中心方位角为152°

（f）中心方位角为172°

图3-19　元坝地区过yb2井的分方位角地震数据处理成果剖面图

储层方位各向异性正演模拟图（图3-20），理论正演得到的不同方位角地震记录随入射角变化的道集数据及拟合椭圆显示。图形［图3-20（a）］为正演结果中各个方位角道集数据在给定时间上的振幅随不同偏移距变化的归一化的振幅反射系数，即正演结果的AVO曲线。图形［图3-20（b）］是正演道集中最大偏移距处各个方位角道集数据在给定时间上的拟合振幅椭圆，反映裂缝振幅拟合椭圆与假设裂缝方向的关系；图中的比率值是椭圆的扁率，间接反映裂缝发育的规模及密度。如果裂缝方向是长轴说明黑色拟合椭圆的长轴方向与裂缝方向一致；如果裂缝方向是短轴，说明黑色拟合椭圆的短轴方向与裂缝方向一致。根据图3-20的结果显示，针对须二段致密砂岩储层来说，裂缝方向与拟合椭圆的短轴方向是一致的。

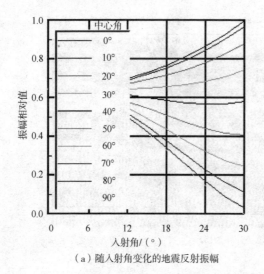
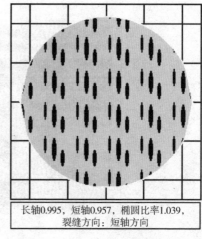

长轴0.995，短轴0.957，椭圆比率1.039，裂缝方向：短轴方向

（a）随入射角变化的地震反射振幅　　　（b）入射角为30°的振幅方位椭圆

图3-20　yb12井裂缝储层含气段岩石物理模型正演结果

　　正演模型揭示如果致密砂岩储层中的裂缝走向（裂缝方向）为90°（正北方位），那么裂缝的法向方向就为0°（正东方位）。yb12井正演模拟结果表明，当储层中裂缝饱含气时，地震反射振幅随方位角变化特征明显。在裂缝走向方向，振幅随偏移距递减比在裂缝的法向方向要小，地震反射振幅方位椭圆与裂缝定向的关系：最小振幅方向近似地代表裂缝法向，而最大振幅方向近似地代表裂缝走向。而对于yb12井来说，最小振幅方向近似地代表裂缝走向。

　　从yb12井致密砂岩裂缝储层的正演模拟结果得出：①含气裂缝模型的不同方位角的振幅随入射角变化曲线不重合，分离性好，说明裂缝型储层存在地震方位各向异性，各向异性相对较强。②不同方位角下的振幅曲线都呈现随入射角增加而振幅能量变化较明显趋势。这表明在裂缝中充填气情况下，存在典型AVO效应。③振幅椭圆拟合表明振幅椭圆的长轴方向代表了研究区裂缝走向。

　　3）砂岩裂缝检测实践

　　在叠前方位角道集处理基础之上，首先，对6个方位角叠加数据进行标定处理，并消除子波的影响。其次，对标定处理的不同方位角道集数据体分别计算其频率属性，得到不同方位角的频率类数据体，在目的层段内分析频率属性随方位角的变化。也就是利用FVA分析法来预测须二段致密砂岩储层的裂缝发育情况，该方法相对比方位AVO法更适合对致密砂岩储层进行裂缝预测。

　　利用FRS软件的FVA分析法计算并提取沿层切片，得到元坝地区须二段裂缝密度平面图(图3-21),图中白色区域为裂缝密度高值区域,预测该区域上微型-中型裂缝发育,淡白色、灰色区域则裂缝发育相对较弱,淡黑色区域则裂缝不发育,岩石相对致密,微裂缝发育面积整体上西部大于中部和东部。根据预测结果可以认为微裂缝发育区域主要分布在中部及西部,大部分裂缝强发育区域与断层[图3-21(a)中的黑色线状]呈伴生关系,这表明:该区域须二段致密砂岩储层裂缝主要是构造裂缝,与断层相关性较强;在西部的构造高部位[图3-21(b)],也显示在构造高部位上裂缝也相对发育(立体图中的黑色密集线状分布),裂缝发育区块总体上走向与构造的走向一致,规律性相对较强;而中部的裂缝发育区与断层的走向具有一致性,显示微型、中型规模裂缝主要由断裂构造引起,其次为在地层曲率较大的区域里的中型、微型裂缝也容易发育。在图3-21(c)中,可以见到裂缝发育方向及强度的规律性较差,但可发现有些裂缝走向与断层走向、背斜长轴走向呈垂直或大角度相交状态。从图中可得到微型-中型规模裂缝的强发育区域与分布情况,也与该区的井资料揭示的情况吻合率较高,达到了利用P波各向异性预测裂缝的目的。

利用FVA分析计算所得元坝地区须四段裂缝密度见图3-22,图中白色及灰白色区域为裂缝密度高值区域,预测该区域上微型-中型裂缝发育,淡灰色、灰色区域则裂缝发育相对较弱,淡黑色区域则裂缝不发育,岩石相对致密。与须二段情况一样——大部分裂缝强发育区域与断层[图3-21(a)中的黑色线状]呈伴生关系,并且在构造轴线、翼部及倾没端区域的微裂缝也相对发育。

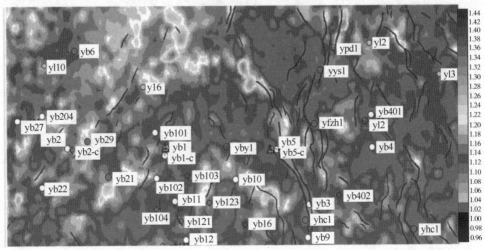

(a)裂缝密度平面图

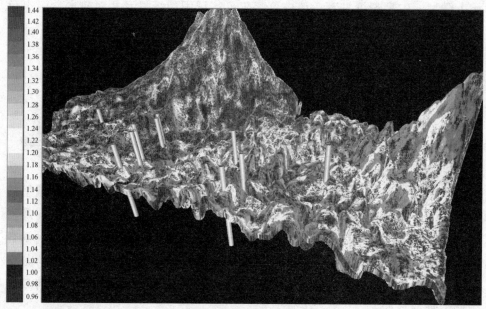

（b）裂缝密度+方向3D立体显示

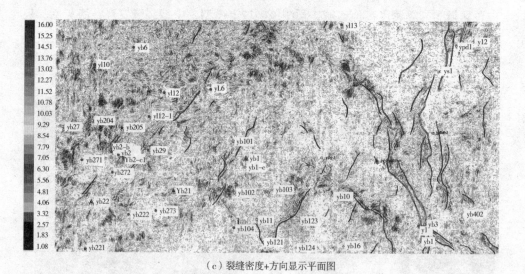

（c）裂缝密度+方向显示平面图

图3-21　元坝地区须二段致密砂岩FVA分析法预测裂缝结果

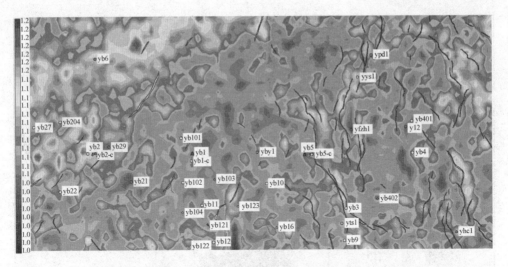

图 3-22 元坝地区须四段致密砂岩 FVA 分析法预测裂缝结果

3.4 基于模型的裂缝预测

目前世界一半以上的石油天然气产自天然裂缝型油气藏，将来裂缝型油气藏也是油气增储上产的主要领域之一。在非常规的超低孔、超低渗地层中，基质孔隙很低，裂缝的发育对改善储层渗流能力起到了积极的促进作用，是获得油气高产的重要因素。由于裂缝性油气藏的孔隙度低、非均质性强且裂缝分布复杂，使得裂缝型油气藏的开发成为当今世界石油界公认的难题。

由于地层裂缝产生的机理比较复杂，因此在做裂缝预测时，需要考虑到裂缝成因的多种地质因素和能对地层裂缝表征的多种地震属性。图 3-23 是对四川盆地 ybd 地区(元坝地区东边)中浅层致密砂岩裂缝预测与建模的思路图。总的来说，与裂缝产生有关系的地质因素包括与断层的距离、岩性、物性、地层的脆性、地层厚度、地层受到的构造应力和形变等；当地层裂缝发育时，地震的一些属性体包括相干、曲率、频率、能量等，会或多或少地在剖面上有所反映。裂缝预测与建模就是结合与裂缝形成有关的各种地质机制、与裂缝识别有关的各种地震属性来综合分析、逐步完善的过程。

目前对裂缝预测的建模分析手段主要有以下 3 种：

(1)岩石力学模拟(Geomechanical Modeling，GM)：通过古构造恢复手段，模

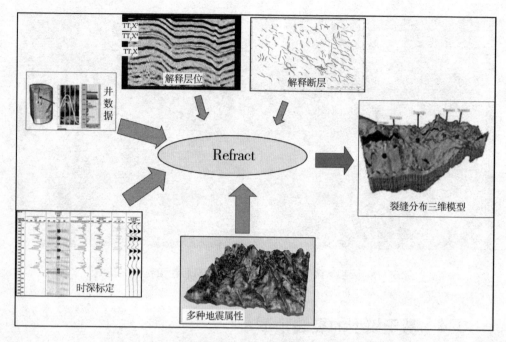

图 3-23　ybd 地区陆相致密砂岩裂缝建模技术思路图

拟地层的变形史，推算地层的应变以及相应的裂缝发育和分布。这种方法的模拟过程极为复杂，而且过分简化了裂缝成因，只考虑构造变化对裂缝发育的影响，而忽略了岩性分布、岩石物性和其他复杂地质现象对裂缝发育的影响。

（2）离散裂缝网络（Discrete Fracture Network，DFN）：主要依据井数据，尤其是井中成像数据，结合地震属性的面分布数据，用地质统计模拟的方法计算裂缝的分布。这种方法对井数据要求较高，需要相对较多的井数据，更适合开发阶段的裂缝分析工作。

（3）连续裂缝分布模型（Continuous Fracture Models，CFM）：代表着裂缝分析领域的最新成就，综合应用测井数据、各种属性（包括地震属性）和其他地质数据，用多学科综合分析手段，在整个三维空间建立裂缝的连续分布模型。这种方法适合于勘探与开发的各阶段裂缝预测与描述工作。

使用 ReFract 软件进行裂缝预测，主要应用模糊逻辑技术，对直接反映裂缝的测井数据和与裂缝关系密切的地震属性、地质数据进行多学科综合分析与描述，可以大幅度提高对裂缝分布的认识，减低裂缝油藏的勘探与开发风险。

3.4.1　裂缝密度曲线建立

井中成像测井(FMI)资料是研究裂缝最重要的资料之一。利用成像测井资料解释结果,可以得到高导缝、高阻缝和钻井诱导缝的长度、宽度、开度、倾角、倾向等基础数据。而根据这些数据,就可以计算得到裂缝密度,研究区内成像测井资料越多,对研究裂缝的分布规律就越有利。

通常所说的裂缝密度应该叫做平均裂缝密度。一般指某一深度点处的裂缝密度是以该点为中心,上下滑动各5m的时窗,计算10m范围内平均的裂缝密度,以此作为该点的裂缝密度。有时为了使计算出来的裂缝密度精度更高,也可以选择较小的时窗来进行裂缝密度的计算。

ybd研究区现阶段仅有yl17井、yl171井的须四段有测井成像(FMI)资料,高导缝在动态图像上往往表现为黑褐色正弦曲线,有的连续性较好,有的呈半闭合状,图像上的黑褐色表明此类裂缝未被方解石等高阻矿物完全充填,属于有效缝,但部分高导缝也不排除被低阻泥质充填的可能性,多数高导缝属于开启缝,如果沿高导缝发育有溶蚀孔洞,就可以构成良好的储层。为了得到须四段有效裂缝密度,研究中采用yl17井、yl171井FMI资料高导缝分布情况来计算高导缝密度曲线,即为有效裂缝密度曲线。另外,为了使计算出来的裂缝密度曲线更加平滑,本书采用10m的时窗来计算须四段高导缝密度曲线(图3-24、图3-25)。

3.4.2　构造模型建立

Petrel软件是功能强大的三维建模软件,因此裂缝构造建模工作在Petrel软件中完成。构造模型由断层模型和层面模型组成,目的是反映四川盆地ybd地区须四段的空间格架,精细的构造模型可以细致地描述地层的构造特征。

以ybd地区的须四段精细构造解释层位TT3x5、$TT3x4_1$、TT3x4、TT3x共4个层位以及研究区内约100条断层(图3-26中的灰黑色线状)为基础,构建构造框架模型,由于研究区井间距较大,采用太小的平面网格意义不大,实际计算中选用100m×100m的平面网格大小,由于研究区东西长30km,南北各宽20km,因此平面网格数为6×10^4个。由于井资料垂向分辨率较高,因此为了使模型尽可能精细,根据主要目的层须四段的时间厚度,将须四上亚段分成30个微层,须四下亚段分成15个微层,加上须四段上下各10个微层,垂向上共划分出65个微层,因此构造模型总网格数为$65 \times 6 \times 10^4 = 390 \times 10^4$个。

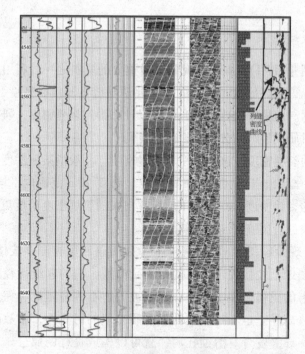

图 3-24　yl17 井的须四段 FMI 测井资料及裂缝密度曲线

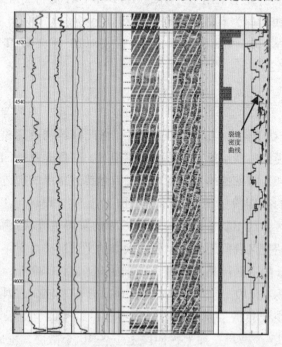

图 3-25　yl171 井的须四段 FMI 测井资料及裂缝密度曲线

建立好了时间域的构造模型，为了使时间域构造模型和深度域的井数据进行匹配，必须对模型进行时深转换，研究区共有 4 口井（yl17、yl171、yl172、yl173）有测井资料，利用井 – 震标定建立研究区空间速度场，对时间域构造模型进行时 – 深转化，最终得到深度域的构造框架模型（图 3-27）。

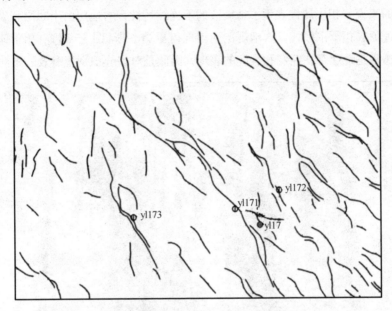

图 3-26　ybd 研究区的须家河组构造解释断层（局部）

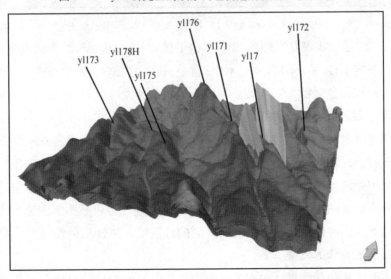

图 3-27　ybd 研究区的须四段构造框架模型

3.4.3　表征裂缝的地震属性分析

上述资料表明当地层裂缝发育时，地震的一些属性体包括相干、曲率、频率、能量等，会或多或少地在剖面上有所反映，并可对其实施探测。

总的来说，相干属性表现了地震波的不连续特性，对地层由于断层和裂缝引起的突变现象，相干剖面比常规地震剖面表现得更为清晰(图3-28)。相干体上的不连续性通常是地层存在断层和裂缝的表现，因此是对裂缝识别很有效的属性之一。

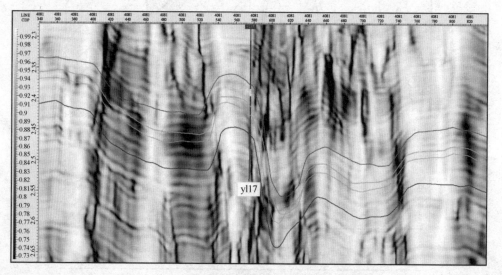

图 3-28　ybd 地区过 yl17 井的相干体剖面示意图

图3-29是ybd研究区须四段沿层相干体切片，图中的黑色代表不连续性。图中可以看到yl17井、yl171井、yl172井、yl173井都在连续性较差的黑色附近，颜色在黑色与白色之间，对应着该4口井裂缝较为发育，和井资料较为吻合，因此相干属性和裂缝之间有较好的相关性。

曲率也是对裂缝识别较为有效的属性之一，较大的曲率代表着地层受力后产生的形变较大，相应地产生裂缝的可能性也越大。图3-30是过yl17井的曲率体剖面，图中井柱处的黑色锯齿状线条为yl17井的裂缝密度曲线，剖面中的灰白色代表高曲率值。图中可以看到yl17井须四段的裂缝发育段与曲率剖面上的高曲率对应得较好。钻井的裂缝发育情况与井周的地震曲率属性相关性较好，曲率值越大，越有利于裂缝的发育。

地震属性还包括能量、频率、振幅等，这些属性与地层裂缝之间有着直接或间接的关系。比如当地层存在裂缝系统时，会直接使得地层的地震频率属性变低。而当裂缝发育后，会使地层含油气的可能性增大，这样又间接地使地震能量属性变大或变小。通过与实际 yl17 井的对比分析（图3-31），最终得到 ybd 研究区须四段地层裂缝发育后的地震属性响应特征是：裂缝发育使得地震相干性低、曲率大、瞬时频率低、高带宽。

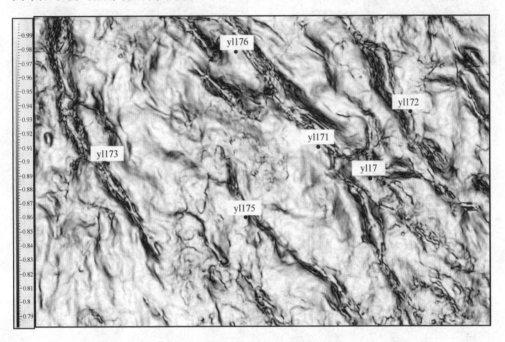

图3-29　ybd 研究区的须四段沿层相干切片平面图

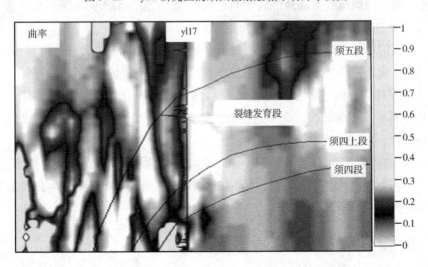

图3-30　过 yl17 井的曲率体剖面（须四段的裂缝发育段与高曲率值相吻合）

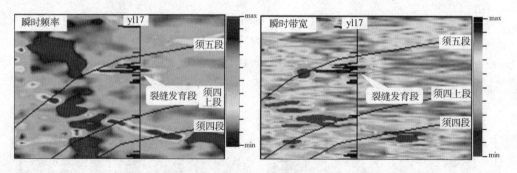

图 3-31　过 yl17 井须四段(裂缝发育段)的地震属性剖面示意图

3.4.4　裂缝连续性建模

通过对与地层裂缝发育相关的各种地质因素和表征属性进行分析,这些因素与裂缝发育的相关关系各不同,起到作用的大小也不一样。在 ReFract 连续性软件中提供了神经网络模型,首先分析各个因素与裂缝的相关性,依据相关性大小对这些因素进行降维和排序;然后对裂缝样本进行学习,生成神经网络模型;最后根据网络模型建立三维裂缝模型。图 3-32 体现了这种裂缝连续性建模的技术思路。

其中,裂缝连续性建模的工作步骤如下:

(1)数据输入及井裂缝参数粗化。

(2)筛选与裂缝发育有关的各种地质要素和地震属性,并对它们的相关性进行排序。

(3)用各种地质要素和地震属性与地层裂缝参数之间的非线性关系训练和试验非线性神经网络,建立神经网络模型。

(4)利用形成的神经网络计算裂缝参数的分布,生成三维裂缝连续分布模型。

(5)生成的裂缝三维模型输出至地质建模软件或直接输出至数模软件。

参与裂缝神经网络学习的属性体包括曲率体、蚂蚁体、RMS 振幅体、瞬时频率体、瞬时带宽体等,首先对这些数据体进行排序,然后根据它们与已知裂缝密度曲线的匹配关系建立神经网络模型。

神经网络模型建立后,就可以根据各属性体来生成三维连续性裂缝模型。图 3-33 为最终建立的裂缝模型示意图,模型中颜色由淡黑到灰白色,代表裂缝密度由小到大的变化。

3.4.5　预测效果分析

在这个三维模型中,可以显示任意深度的水平切片或者沿层切片,用来分析裂缝平面上的变化情况(图3-34)。

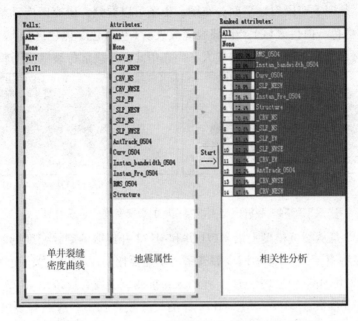

图3-32　神经网络模型建立示意图

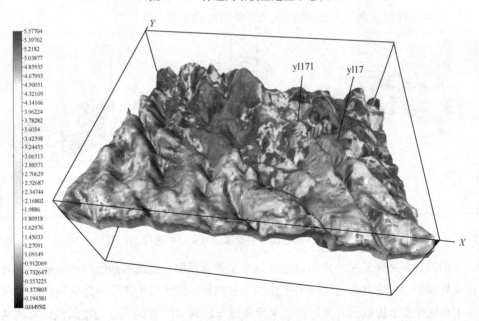

图3-33　ybd地区须四段连续性裂缝模型示意图

图 3-34 是从裂缝模型上沿须四段顶界和须四上亚段底界切片，代表了研究区须四上、须四下亚段裂缝平面分布图。由图可以看到，研究区南部整体裂缝比较发育（灰白色、白色区域），北部裂缝欠发育（灰黑色、黑色区域），沿着断裂带和褶皱翼部、转折端裂缝密度较大，而在中北部平缓部位裂缝密度较低。

（a）须四段顶界裂缝密度平面图　　　　　　（b）须四段上亚段底界裂缝密度平面图

图 3-34　裂缝模型上沿层提取的裂缝密度分布平面图

图 3-35 是从裂缝模型上沿 yl171 井和 yl172 井提取的裂缝密度剖面，在剖面上可以明显看出，yl171 井须四段裂缝密度明显要比 yl172 井的大；而从曲率属性上看，yl172 井的曲率值要比 yl171 井的大，推测裂缝发育应该是 yl172 井比 yl171 井的强。但是实际上 yl171 井比 yl172 井的裂缝发育强——这点与裂缝模型预测的结果一致，与两口井的实钻情况也比较吻合。因此，可以得到这样的结果，裂缝模型所得到的预测结果比曲率预测结果的准确率要高。

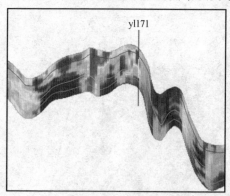
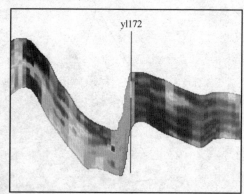

图 3-35　从裂缝模型上提取的过井裂缝密度剖面图

通过神经网络随机建模可以建立若干个裂缝模型，最终根据已有的地质认识或在裂缝模型上提取井旁道裂缝密度曲线来做选择。图 3-36 显示的是从裂缝模型成果 1 和成果 2 上提取的井旁道裂缝密度曲线与原始 yl17 井的裂缝密度曲线做对比的情况。从图中可以看到两个模型中提取的裂缝密度曲线与井上实际的都较为相似，相比而言模型 2 中的曲线形态更吻合，因此最终选取模型 2 作为裂缝建模成果。

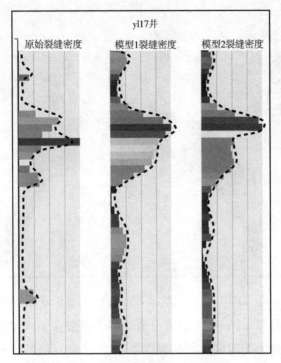

图 3-36　模型上提取的裂缝密度曲线与井上裂缝
密度曲线的对比(图中虚线)

　　yl17 井在须四段裂缝很发育，测试获天然气 $22.64 \times 10^4 m^3/d$，在距 yl17 井东边不远的地方有一口 yl172 井，该井在须四段测试获天然气 $2.02 \times 10^4 m^3/d$。由于 yl172 井没有获得裂缝密度曲线资料，因此在做裂缝建模工作时没有使用该井，也正好作为盲井用来验证裂缝模型的合理性。

　　这两口井相距很近，都在须四段获工业气流，但天然气产量却相差很大。为了解释该情况，在建立的裂缝模型上提取过两口井的连井剖面(图 3-37)。在裂缝密度剖面上可以明显看到，两口井在须四段裂缝密度存在较大的差异，yl17 井裂缝密度较大及井旁区域的裂缝密度较大，该井经测试获得高产工业气流；而 yl172 井井旁的裂缝密度较低——储层裂缝不发育，测试获低产工业气流。虽然 yl172 井没有裂缝参数资料，但该井处的裂缝预测结果与该井的测试情况比较吻合，实际的油气测试数据验证了裂缝模型成果的合理性。

　　通过上述分析认为，虽然 ybd 研究区仅有两口井有成像测井资料，但通过裂缝建模技术生成的裂缝密度模型和实钻井资料吻合程度较好，可以利用该技术方法预测 ybd 地区须四段裂缝发育程度。在实际的建模过程中，利用神经网

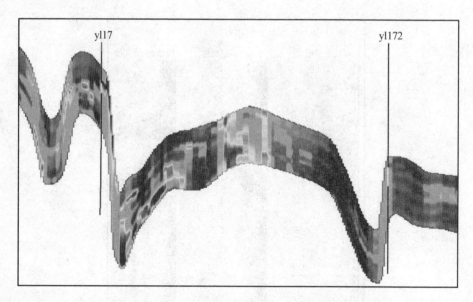

图 3-37   过 yl17 井、yl172 井的连井须四段的裂缝密度剖面图

络随机产生了符合要求的 60 个裂缝模型，每个模型在 yl17 井、yl171 井须四段模型裂缝密度与井上裂缝密度的相关性不小于 70%，最后将 60 个裂缝模型进行平均，产生一个平均裂缝模型，用该平均裂缝模型来预测研究区须四段裂缝发育情况。

运用平均裂缝模型提取须四段层间裂缝密度平面图（图 3-38），从图上可以看出，研究区中部须四段裂缝欠发育，裂缝密度较低，裂缝密度分布范围一般都在 1 条/m 以下（图中的灰黑色区域），而研究区四周特别是南部地区裂缝较发育，裂缝密度整体较大，最大可达到 4 条/m（图中的灰白色及白色区域）。根据研究区须四段裂缝密度分布情况，将裂缝密度大且集中分布的区域识别出来（图 3-38 中黑色线内区域），即为须四段裂缝发育区。在须四段共识别出 9 个裂缝发育区（①~⑨号），从分布情况来看，研究区南部裂缝发育区面积较大，多呈北西向条带状分布，北部裂缝发育区面积较小。已完钻的 yl17 井、yl171 井、yl173 井都在④号及⑧号裂缝发育区内，测试都获得 $22.64 \times 10^4 m^3/d$、$18.77 \times 10^4 m^3/d$、$12.73 \times 10^4 m^3/d$ 的中-高产工业气流，而 yl172 井在裂缝欠发育区，须四段仅试获 $2.02 \times 10^4 m^3/d$ 的低产工业气流。

另外从裂缝密度模型提取的裂缝密度剖面上可以看出，裂缝密度较大的区域基本上都位于褶皱的翼部及大断裂两侧，而在构造起伏很小及背斜顶部宽缓的部位，其裂缝密度较小，裂缝欠发育，也与地质情况相吻合。

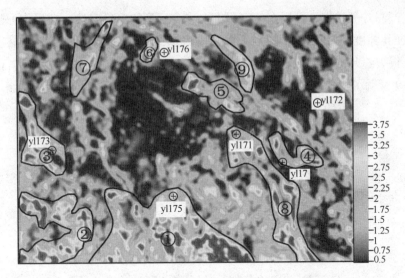

图 3-38　平均裂缝模型提取的 ybd 地区的须四段裂缝密度平面图

3.5　基于模型的多尺度裂缝综合预测

3.5.1　离散裂缝模型

裂缝通道是由大量密集分布的具有可追踪长度但无明显垂向位移的裂缝组成。裂缝通道在垂向上可以切穿储层，在横向上可以延伸几十米至上百米，是流体流动的主要通道。部分裂缝通道的形成与断裂有关，但并无明显的断距。一般情况下，裂缝通道与地层垂直，与裂缝通道伴生的小裂缝平行。对裂缝通道描述首先是对裂缝通道相关的地震属性进行自动追踪，然后对追踪的裂缝建立离散裂缝模型（DFN），描述离散裂缝的分布和对流体流动的影响。

对裂缝进行自动追踪提供了可以直接从地震数据中获得裂缝网络模型的机会，成为建立 DFN 模型的基础。这样得到的 DFN 模型是一种基于物理上可测量参数的地质表征。自动追踪裂缝填补了地震尺度（地震解释的断裂）与井尺度（成像测井和岩心裂缝）之间在尺度上的空白，而且有效地描述了地下裂缝在空间如何组织、如何加强和阻碍流体流动。

离散裂缝描述的目标是识别大的裂缝通道，并用拓扑学属性描述它们在空间的几何特征，离散裂缝代表了尺度较大的微断裂和裂缝通道，因此可以用于研究油藏尺度下的连通关系。离散裂缝模型可以采用动态数据进行标定，如试井参数，生产测井等数据，可以在一定程度上减少模型的不确定性、被粗化为裂缝属性参数(孔隙度、渗透率和形状因子)用于油藏数模。离散裂缝模型的描述包括对每一根裂缝几何尺度(长度、宽度、高度和方向)、空间位置、密度进行描述。图3-39说明了构建离散裂缝网络模型(DFN)的工作流程。

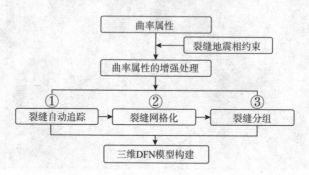

图3-39　构建离散裂缝网络模型(DFN)的工作流程图

裂缝通道在垂向上具有一定的延展性，在平面上表现为线状构造特征。裂缝通道的空间几何特征可以简单地用矩形面来描述，矩形面高度代表了裂缝的高度，长度代表了裂缝的长度。和裂缝相关的地震属性体提供了裂缝在空间上的分布，离散裂缝的自动追踪是在经过断裂增强的曲率属性上对每一时间切片的裂缝进行追踪。利用三维曲率属性体，时间切片可以有效地描述裂缝横向的线状构造特征，这一做法也有效地利用了地震数据的横向高分辨率的优点。地震垂向分辨率较弱，对在每一时间切片上的裂缝进行网格化，计算裂缝的拓扑学属性，可以构建离散裂缝模型，使构建的离散裂缝模型具有分辨率高和可信度高的特点。

为了建立 ybd 研究区 DFN 模型，裂缝自动追踪在每一个时间切片上进行。为了保证研究区须四段离散裂缝能够实现完整的追踪，同时也为了减少追踪的时间，追踪的时间范围比目的层顶、底范围稍大即可。通过对须四段顶、底时间层位数据的统计，从 2200ms 到 2700ms 能够将研究区须四段全部包括进去，追踪的总时间厚度为 500ms，采样间隔为 1ms，因此总共会追踪出 501 个离散裂缝切片。图 3-40 为自动追踪的离散裂缝在时间 2200ms 与 2600ms 的切片，对追踪出来的每个离散裂缝切片，可以统计切片上离散裂缝对应的长度和方向的分布。

离散裂缝自动追踪完成后，由于并不是每条离散裂缝都能满足要求，比如：①某一条离散裂缝只有 20% 在研究目的层段，其余都在目的层段以外；②离散裂缝长度太短，可能是追踪的地震噪声；③某两条离散裂缝重复段超过了 80%，

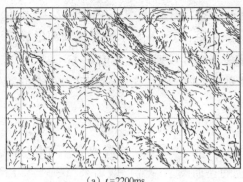 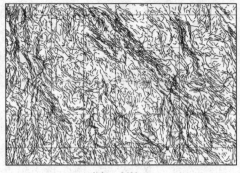

（a）t=2200ms　　　　　　　　　　　（b）t=2600ms

图3-40　离散裂缝模型的水平切片示意图

可能为同一条裂缝；④某条离散裂缝中间有拐点，且拐点两侧形成的夹角角度小于5°，可能是两条不同的离散裂缝。因此，必须对自动追踪出来的离散裂缝进行清理，将不符合条件的离散裂缝清理掉，从而提高离散裂缝预测的精度。

完成了离散裂缝的清理，根据需要还可以对离散裂缝进行裁剪，裁剪主要可以完成两项操作：①可以将指定长度范围内的离散裂缝提取出来；②可以将指定方位角范围内的离散裂缝提取出来。

离散裂缝清理和裁剪完成以后，要将最终的离散裂缝进行网格化，形成空间上离散网格模型（DFN）（图3-41）。通过对 ybd 地区须四段离散裂缝模型及离散裂缝统计可以看出，该层段共追踪出离散裂缝计 193079 条，离散裂缝长度主要分布在 50~800m 范围，离散裂缝方向以北西向为主。

图3-41　ybd 地区须四段离散裂缝模型（DFN）

此外，通过 DFN 模型还可以分析离散裂缝的连通性。相互连通的裂缝在空间上可以形成网状的离散裂缝网络，能大大提高储层内流体的导流能力，而孤立的裂缝对流体导流能力的改善比较有限，但是如果对储层进行压裂改造，该类裂缝较容易改造成和附近离散裂缝连通的连通裂缝。图3-41中颜色范围2~5显示的是孤立离散裂缝(白色、灰白色线状);颜色范围6~9显示的是连通离散裂缝(灰黑色线状)。从该区的孤立、连通离散裂缝统计数据上也看出,ybd地区须四段离散裂缝以孤立裂缝为主,占总裂缝条数的84.22%,连通裂缝仅占总裂缝条数的15.78%。

根据ybd研究区内测井成像资料统计,可以将ybd地区须四段高导缝按照方位角分成3组:0°~80°、80°~150°和150°~180°,因为连通离散裂缝对改善储层的渗流能力效果更好,因此将3组方位的连通离散裂缝提取出来(图3-42)。从图3-42上可以看出,在研究区东北部,连通离散裂缝以80°~150°为主,离散裂缝密度也较大,其他2组方位离散裂缝分布较少。结合区域应力场分析认为,该区域离散裂缝主要是在喜山期大巴山由北东向南西挤压下形成的,挤压应力在yl17井→yl171井连线一带集中释放,造成向南西方向的应力逐渐减弱,挤压形成了大量的北西走向断层,同时也产生了与北西向断层相伴生的北西向离散裂缝,因此该区域沿北西向储层渗流能力能够得到很好的改善,而沿其他方向由于连通离散裂缝较少,不利于储层的改造;在研究区的西南部和西部地区,由于同时受到来自北西西向龙门山的挤压和北东向大巴山的挤压,是多组构造应力交会区,因此从图3-41上可以看出该区域连通离散裂缝3个方位的分布较为平均,各个方位的离散裂缝相互连通,形成了很好的网状裂缝网络,能够起到很好地沟通储层的作用,只是离散裂缝的规模(长度)不如东北部区域的规模大。

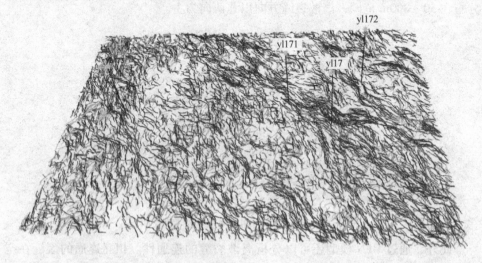

图3-42　ybd地区须四段分方位连通离散裂缝模型

3.5.2 实践预测分析

最终裂缝模型包括两个尺度的裂缝：弥散裂缝模型和 DFN 模型。弥散裂缝描述了流体在储层层内的流动，由于其尺度较小，本次研究采用了地震属性生成、地质统计学校正和裂缝地震相约束来综合描述弥散裂缝的分布。DFN 模型对流体的流动具有控制作用，尤其是连通的裂缝。DFN 模型对评估油藏尺度下的储层的连通特征、与井相关的流域范围和流动方向。由于 DFN 的尺度较大，具有地震尺度下可追踪的特点，DFN 模型采用确定性的描述方法。

将有效弥散裂缝和连通的离散裂缝进行叠合，形成研究区须四段多尺度裂缝综合预测图（图 3-43），图中底色为第 3 和第 4 裂缝地震相带内 80°～150°弥散裂缝密度，而叠加的灰白色线状构造为连通的离散裂缝。从图上可以看出，该研究区须四段存在 3 条北西向条带状展布的有效弥散裂缝＋连通离散裂缝发育区，自东向西分别为：①号（图 3-43 中的双箭头虚线）沿 yl172 井北西向展布区；②号（图 3-43 中的双箭头虚线）yl17 井－yl171 井－yl176 井展布区；③号（图 3-43 中的双箭头虚线）沿 yl173 井北北西向展布区。其中，②号裂缝发育区规模最大，③号裂缝发育区次之，①号裂缝发育区规模最小。此外，从图上还可以看出，在有效弥散裂缝密度大的区域连通离散裂缝条数也较多。因此可以进一步分析认

图 3-43　ybd 地区须四段弥散裂缝与离散裂缝叠合示意图

为，ybd 须四段裂缝以断层伴生缝为主，因此弥散裂缝与离散裂缝和断层同时产生，均发育在断层附近，裂缝发育方向与断层的走向基本一致，因此，弥散裂缝密度大的区域离散裂缝同样较为发育。

为了进一步分析弥散裂缝和离散裂缝对储层共同的改造作用，本次须四段裂缝研究将 ybd 研究区内四口钻井须四段有效弥散裂缝密度和测试段 50m 范围内离散裂缝条数进行了统计（表3-2）。

由统计资料看出，ybd 地区现有钻井须四段测试产量与有效弥散裂缝密度和测试段 50m 范围内离散裂缝条数存在较好的正相关关系，有效弥散裂缝密度越大、离散裂缝条数越多，单井产量越高。从图 3-44 中可以看到，yl171 井和 yl173 井的有效弥散裂缝密度和测试段 50m 范围内离散裂缝条数（图中呈密集、杂乱点状灰白色区域）比 yl17 井和 yl172 井的多（图中呈斑块状灰白色区域），为了近一步研究有效弥散裂缝密度和测试段 50m 范围内离散裂缝条数对产能的影响规律，构建了裂缝综合因子来进行衡量，其中裂缝综合因子由式（3-28）给出：

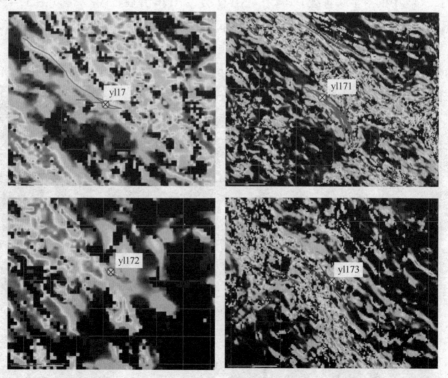

图3-44　ybd 地区井中须四段有效弥散裂缝密度与测试段 50m 范围离散裂缝叠合图

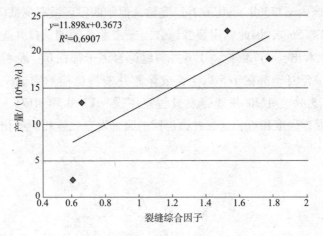

図 3-45 裂缝综合因子与单井产量交会示意图

裂缝综合因子 = 第 3 和第 4 相弥散裂缝密度 +

$$\frac{测试段 50\mathrm{m}\ 范围内离散裂缝条数}{测试段厚度} \qquad (3-28)$$

在裂缝预测研究中建立 ybd 地区须四段致密砂岩裂缝综合因子与单井产量统计表(表 3-2),并开展裂缝综合因子与单井产量的交会(图 3-45),从交会图上可以看出,裂缝综合因子与单井产量之间存在很好的正相关性,相关系数可达0.69,这表明该地区的储层主要是裂缝型储层。因此可以用裂缝综合因子来预测研究区须四段有效弥散裂缝与离散裂缝综合发育程度,从而对钻井评价及勘探井位的布设提供相关的地球物理依据。

表 3-2 裂缝综合因子与单井产量统计表

井 名	弥散裂缝密度地震相（第 3 和第 4 相）	测试段离散裂缝条数（50m 范围内）	测试段厚度/m	裂缝综合因子	产量/($10^4\mathrm{m}^3$/d)
yl17	1.278	8	29	1.55	22.64
yl171	1.130	48	70	1.82	18.77
yl172	0.567	1	56	0.58	2.02
yl173	0.380	16	61	0.64	12.73
yl175	0.325	3	53	0.38	火焰高 5m
yl176	0.231	6	34	0.41	—

　　ybd 研究区内 yl175 井、yl176 井已完钻，但须四段还没有测试（其中 yl175 井后经测试火焰高 5m），因此利用裂缝综合因子来综合预测两口井裂缝发育程度，由表 3-1 可以看出，yl175 井、yl176 井裂缝综合因子都在 0.4 左右，而 yl17 井、yl171 井裂缝综合因子都在 1.5 以上，成像测井资料也显示测试段裂缝较发育。因此预测 yl175 井、yl176 井裂缝发育程度不及 yl17 井和 yl171 井，也可能与 yl172 井裂缝发育强度相近，这三井该层段的裂缝发育强度相近或相似。

4 构造应力场模拟

在地壳中或地球体内，应力状态随空间点的变化，称为地应力场，或构造应力场。地应力场一般随时间变化，但在一定地质阶段相对比较稳定。研究地应力场，就是研究地应力分布的规律性，确定地壳上某一点或某一地区，在特定地质时代和条件下，受力作用所引起的应力方向、性质、大小以及发展演化等特征。随着地质演化，一个地区常常经受多次不同方式的地壳运动，导致同一地区内，呈现出受不同时期不同形式地应力场作用所形成的各种构造及其叠加或改造的复杂景观。因此，只有最近一期地质构造，未经破坏或改造，才能确切地反映这个时期的地应力场。

地应力场的特点与演化，对含油气盆地内油气藏、油气田、油气聚集带的形成、类型及分布具有重要的控制作用。地应力是油气运移、聚集的动力之一；地应力作用形成的储层裂缝、断层及构造是油气运移、聚集的通道和场所之一。通过地层应力场分析，可以预测构造成因的裂缝在研究区域的发育和分布规律。

地壳岩体的变形和裂缝系统的形成常常受到构造运动及其作用强度的影响，裂隙的产生同构造应力场分布密切相关。构造应力场数值模拟技术是数学力学手段的一种模拟方法，利用这种模拟技术，计算研究区内主应力和剪切应力的分布，预测出研究区内裂隙发育带的宏观平面分布。

数值模拟技术是对储层构造裂缝进行定量预测及确定构造缝缝空间分布的一种有效方法。李辉等（2006）介绍了用于裂缝预测的数值模拟包括：构造应力场数值模拟、变形数值模拟和岩层曲率数值模拟。

构造应力场数值模拟是在建立地质模型的基础上，用有限元法计算各点的最大主应力、最小主应力和最大剪应力、岩石的破裂率、裂缝密度、应变能、剩余强度等裂缝预测参数，并计算各点的主应力方向和剪应力方向，然后根据岩石的破裂准则来预测裂缝发育带和延伸方向，或者根据应变能计算裂缝发育程度。也可以将破裂率和应变能结合起来，用二元拟合的关系来标定裂缝密度。

变形数值模拟包括有限变形数值模拟和应变数值模拟。前者用分解的方法把物体变形过程中的应变和转动分离开来,用平均整旋角的平面变化表示构造裂缝的发育程度和延伸方向。后者在计算主应变和剪应变的基础上,根据应变与破裂的关系预测裂缝的发育程度和延伸方向。

岩层受力变形,在弯曲部位会产生张裂缝,其曲率值与裂缝发育程度存在密切的相关性。用岩层曲率数值模拟法可计算裂缝岩石的孔隙度。

4.1 构造部位和构造应力

储集层构造裂缝发育的程度,除了与所受构造应力有关外,还与岩性、厚度以及所处的构造位置有关。在某一地质历史时期,某一有限范围内所受的区域构造应力基本是统一的,但因不同构造部位、岩性及其结构上的差异(主要表现在岩石弹性模量、泊松比、抗张强度和抗剪强度等岩石参数的不同)或者各向异性,必然造成不同部位局部构造应力场不同(包括主应力方位与大小差异),从而造成构造裂缝发育程度的不均一性。因此可以说构造应力场、构造位置是储层构造裂缝形成的外因。而储集层岩性、岩层厚度则是储层构造裂缝形成的内因。

裂缝的发育与构造部位及构造应力密切相关。主要体现在:①构造应力是几乎所有构造裂缝形成的力源之一,构造应力对裂缝形成的控制主要取决于岩层所受构造应力的大小,性质及受力次数;②构造应力对区域构造形迹的产生和改造作用也比较显著,构造产生的构造形迹(背斜、断层)也与裂缝的发育关系,一般认为以下几个区域是裂缝较为发育的区域(图4-1):a. 随着距离断层的距离增大,大裂缝、微裂缝数明显减少,也就是说断层附近为裂缝发育区域;b. 弯曲断层的外凸区是应力集中区,也是裂缝相对发育带;c. 多组断层交会区和转换区也是会造成应力集中的区域,是裂缝相对发育带;d. 断层的末端区也是裂缝相对发育带。

为了研究该区构造(断层、褶皱等)对裂缝发育程度及油气产能的影响,我们对四川盆地某构造须家河组的情况进行了系统分析与总结。图4-2为某构造珍珠冲段的气井产能与断裂关系的散点图,从图中可以看出,在距离断层500m以内时,由于裂缝较为发育,气井产能较高;当气井距离断层的距离超过500m后,裂缝发育程度显著变差,气井产能也越差。

元坝地区构造上处于龙门山北段前缘,米苍山-大巴山前陆构造带。须家河组受构造活动影响相对较弱，构造幅度小，总体上为低缓构造。主要发育近 SN 向、NNW 向断裂体系，构造部位对裂缝的发育具有重要影响。

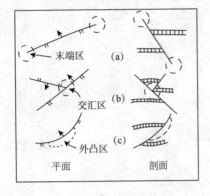

图 4-1　断层效应类型示意图

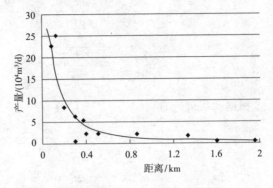

图 4-2　某构造珍珠冲段气井产量与断裂关系散点图

4.2　应力场分析技术

　　针对背斜等张裂缝的储层构造，以弯曲薄板作为力学模型，利用地层的几何信息，计算出地层面的曲率张量、变形张量和应力场张量等地层的应力场参数，作为其进一步判断裂缝的参考依据。

　　弯曲薄板理论假设所研究的地层是均匀连续、各向同性、完全弹性的，并认为地层的形成是完全由构造应力所形成的。

　　设以薄板中面为 $z=0$ 的坐标面，规定按右手规则，以平行于大地坐标为 X、Y 坐标，以向上为正。沿 X、Y 正方向的位移分别为 u_x、u_y，沿 Z 方向的位移为挠度 $w(x, y)$（图 4-3）。

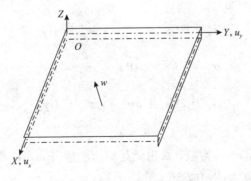

图 4-3　薄板模型示意图

1. 基本公式

直角坐标系中的变形几何方程为：

$$\varepsilon_x = \frac{\partial u_x}{\partial x}, \varepsilon_y = \frac{\partial u_y}{\partial y}, \gamma_{xy} = \left(\frac{\partial u_x}{\partial y} + \frac{\partial u_y}{\partial x}\right), \varepsilon_z = \frac{\partial u_z}{\partial z}$$

$$\gamma_{xz} = \left(\frac{\partial u_x}{\partial z} + \frac{\partial u_z}{\partial x}\right), \gamma_{yz} = \left(\frac{\partial u_z}{\partial y} + \frac{\partial u_y}{\partial z}\right)$$

$$u_z = w \tag{4-1}$$

根据薄板理论有：

$$u_x = z\frac{\partial w}{\partial x}, u_y = z\frac{\partial w}{\partial y} \tag{4-2}$$

且有：

$$\varepsilon_x = z\frac{\partial^2 w}{\partial x^3}, \varepsilon_y = z\frac{\partial^2 w}{\partial y^2}, \gamma_{xy} = 2z\frac{\partial^2 w}{\partial x \partial y} \tag{4-3}$$

定义曲率变形分量：

$$\kappa_x = -\frac{\partial^2 w}{\partial x^2}, \kappa_y = -\frac{\partial^2 w}{\partial y^2}, \kappa_{xy} = -\frac{\partial^2 w}{\partial x \partial y} \tag{4-4}$$

因此，应变分量可写为：

$$\varepsilon_x = -z\kappa_x, \varepsilon_y = -z\kappa_y, \gamma_{xy} = -2z\kappa_{xy} \tag{4-5}$$

物理本构关系(广义虎克定律)可表示为：

$$\varepsilon_x = \frac{1}{E}[\sigma_x - \nu(\sigma_y + \sigma_z)], \qquad \gamma_{xy} = \frac{2(1+\nu)}{E}\tau_{xy}$$

$$\varepsilon_y = \frac{1}{E}[\sigma_y - \nu(\sigma_x + \sigma_z)], \qquad \gamma_{xz} = \frac{2(1+\nu)}{E}\tau_{xz}$$

$$\varepsilon_z = \frac{1}{E}[\sigma_z - \nu(\sigma_y + \sigma_x)], \qquad \gamma_{yz} = \frac{2(1+\nu)}{E}\tau_{yz} \tag{4-6}$$

其逆关系为：

$$\sigma_x = 2G\varepsilon_x + \lambda\theta, \qquad \tau_{xy} = G\gamma_{xy}$$

$$\sigma_y = 2G\varepsilon_y + \lambda\theta, \qquad \tau_{yz} = G\gamma_{yz}$$

$$\sigma_z = 2G\varepsilon_z + \lambda\theta, \qquad \tau_{xz} = G\gamma_{xz}$$

$$\theta = \varepsilon_{kk} \tag{4-7}$$

λ，G 为拉梅(Lame)常数，G 也就是剪切模量(Shear modulus)，E 为杨氏模量(Yong modulus)，θ 为体积应变。

将前面的式代入，得到：

$$\sigma_x = \frac{E}{1-v^2}(\varepsilon_x + v\varepsilon_y), \sigma_y = \frac{E}{1-v^2}(\varepsilon_y + v\varepsilon_x), \tau_{xy} = \frac{1}{G}\gamma_{xy} \qquad (4-8)$$

因而有：

$$\sigma_x = -\frac{Ez}{1-v^2}(\kappa_x + v\kappa_y)$$

$$\sigma_y = -\frac{E}{1-v^2}(\kappa_y + v\kappa_x), \tau_{xy} = -\frac{2}{G}\kappa_{xy} = -\frac{Ez}{(1+v)}\kappa_{xy} \qquad (4-9)$$

将地层厚度 $t = 2z$ 代入上式，得到由曲率分量表示的地层面上的应力分量：

$$\sigma_x = -\frac{Et}{2(1-v^2)}(\kappa_x + v\kappa_y)$$

$$\sigma_y = -\frac{Et}{2(1-v^2)}(\kappa_y + v\kappa_x), \tau_{xy} = -\frac{Et}{2(1+v)}\kappa_{xy} \qquad (4-10)$$

由上式可知，当地层面向上凸时，曲率大于零，正好对应上凸地层面受拉张应力，张应力为正。为了与地质力学符号相符，这里采用压应力为正，张应力为负的符号约定。曲率小于零，表示地层上凸。

求出该点的沿坐标的应力后，就可求出其主应力及其方向：

$$\sigma_{\max} = \frac{\sigma_x + \sigma_y}{2} + \sqrt{(\frac{\sigma_x - \sigma_y}{2})^2 + \tau_{xy}^2}$$

$$\sigma_{\min} = \frac{\sigma_x + \sigma_y}{2} - \sqrt{(\frac{\sigma_x - \sigma_y}{2})^2 + \tau_{xy}^2} \qquad (4-11)$$

$\sigma_{\max}$ 与 X 轴的夹角为 α，$\sigma_{\min}$ 与 X 轴的夹角为 β：

$$t_g(\alpha) = \frac{\sigma_{\max} - \sigma_x}{\tau_{xy}}, t_g(\beta) = \frac{\tau_{xy}}{\sigma_{\min} - \sigma_y} \qquad (4-12)$$

因此，若能得到地层面的扰度方程或其面上点的曲率，就可以估算其上的应力场，进而计算由此应力产生的裂缝。

2. 地层曲率的计算

1）趋势面计算

由前面理论可知，若能求出地层面的曲率分量，就可以求出其上的应力场。采用趋势面拟合方法拟合地层面的趋势函数，进而计算其上点的曲率分量。采用最小二乘法拟合趋势面。设趋势面的待定系数的函数为：

$$w(x,y) = a_0 + a_1x + a_2y + a_3x^2 + a_4xy + a_5y^2 \qquad (4-13)$$

由层面散点处的坐标值 (x, y, z)，建立最小二乘方程，对一个散点：

$$\varepsilon_i = z_i - w_i(x_i, y_i) \qquad (4-14)$$

$$\frac{\partial \varepsilon_i^2}{\partial a_j} = 0 \qquad (j = 0,1,2,3,4,5) \tag{4-15}$$

当用 n 个散点拟合一个趋势面时，可得到拟合方程组，解此方程组：

其中求和号表示 $\sum\limits_i^n$，即对 1，2，3，…，n 点求和。解此线性方程组，就可得到趋势面函数。

2）趋势面的曲率计算式

$$\kappa_x = -\frac{\partial^2 w}{\partial x^2} = -2a_3, \kappa_y = -\frac{\partial^2 w}{\partial y^2} = -2a_5, \kappa_{xy} = -\frac{\partial^2 w}{\partial x \partial y} = -a_4 \tag{4-16}$$

3. 裂缝参数计算

1）曲率参数

由上述解方程组可得到拟合曲面系数 a_3、a_4、a_5，由式（4-8）及式（4-9）可得到该点处的曲率。

2）应变和应力参数

由式（4-1）～式（4-12）可得到应变值。其中，$z = t/2$。再由式（4-10）～式（4-12）可分别计算出相应的应力，主应力和主应力方向以及主应力及其方向。

4.3　裂缝有效性分析

裂缝的有效性指的是地层条件下裂缝的开启性或者是流体的渗流性。前已述及，元坝研究区裂缝的形成具有多期次性，因此，针对裂缝有效性的评价，也需要以裂缝的发育演化为基础，评价裂缝的有效性。

4.3.1　现今最大主应力特征

由于地应力方位与井眼崩落及诱导缝的方位关系密切，因此，从直井的 FMI 图像上分析井眼崩落及钻井诱导缝的发育方位可确定最小或最大水平主应力方向。在裂缝发育段，古构造应力多被释放，保留的应力很小，其应力的非平衡性也弱。但在致密地层中古构造应力未得到释放，并且近期构造应力在致密岩石中不易衰减，因而产生一组与之相关的诱导缝及井壁崩落，这组裂缝的方向即为现今最大水平主应力的方向。根据成像测井资料揭示的诱导缝的走向，可以判定现今的最大主应力方向基本为北西-南东向（图4-4，图中的双箭头方向）。这与现今对青藏高原以及周缘的对地观测是基本一致的。

当然，现今最大主应力方向在九龙山背斜、中部断褶带和东部断褶带也存在

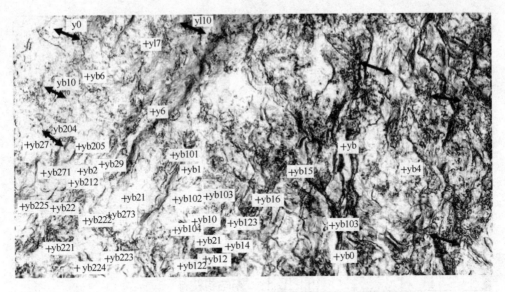

图4-4　元坝地区现今最大主应力方向示意图(图中双箭头方向)

细微的差别。九龙山背斜区主要是北西-南东向，基本上与九龙山背斜的轴部走向近垂直。在中部断褶带主要既有北西-南东向(yb5井、yl2井、yl4井区)，又有北西西-南东东向(yl3井、yl16井、yl4井区)，中部断褶带的最大主应力方向的多变性，与区域断层的走向多变性是一致的，基本上是北西-南东向和北东东-南西西向应力的交会并产生平衡的结果。ybd地区(yl17井区)主要是北西西-南东东向，与井区的断层走向基本一致。本次重点分析yl17井、yl171井成像测井资料对ybd地区构造应力进行分析。

yl17井井况总体上较好，FMI测量的双井径在部分层段具有扩径现象，计算双井径结果指示井旁现今最小水平主应力的方向为北北东-南西西向(图4-4)；部分层段在图像上可以看到清晰的井壁崩落特征，井壁崩落方位为北北东-南西西向。本井钻井诱导缝在一些层段发育，钻井诱导缝走向为北西西-南东东向。综合以上信息可判断本井井周现今最大水平主应力的方向为北西西-南东东向(图4-5)。

yl171井井况总体上良好，FMI测量井段的双井径在部分层段具有扩径现象，计算双井径结果指示井旁现今最小水平主应力的方向为北北东-南西西向，部分层段在图像上可以看到清晰的井壁崩落特征，井壁崩落方位为北北东-南西西向。本井钻井诱导缝较发育，诱导缝走向为北西西-南东东向。综合以上信息可判断本井井周现今最大水平主应力的方向为北西西-南东东向。值得一提的是，在测量段的下段4513~4527m段，井周水平主应力的方向发生了偏转，该段内最大水平主应力方向为北北西-南南东，同主体主应力方向有近60°的夹角。

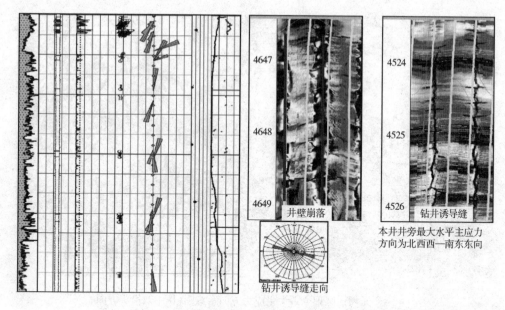

图4-5   yl17井须四段的地应力分析结果示意图

4.3.2 裂缝有效性分析

虽然地壳中普遍存在裂缝，但只有那些为数较少的非封闭裂缝决定液体的流动；裂缝有效与否，决定于它的张开程度、径向延伸、连通状况。在油气田的现场应用中，我们主要考虑裂缝的油气流通道作用。裂缝的有效性，狭义指裂缝的张开程度，在实际油气藏中更关注裂缝之间是否具有有效的连通性。一个裂缝发育且具有工业产能的油气田，与常规油气田进行比较，最明显的区别在于其油气流采出的速度在同样条件下加快，地层压力传递灵敏度较高。因此，裂缝通道是否具有有效性，对于油气田的开发影响甚大。裂缝是否有效，主要取决于它的充填程度、张开程度及其发育方位与现今水平最大主应力的方向等因素。

早期裂缝形成以后，如果裂缝为开启裂缝，必然成为地下流体运移的输导通道，流体在通过其运移过程中，由于温度压力条件的改变，使其携带的大量成岩物质发生过饱和沉淀。最明显的 SiO_2 是迁移至浅处导致石英的沉淀，再者是 $CaCO_3$ 迁移至深处形成的嵌晶状的方解石沉淀胶结。这些石英和方解石沉淀胶结堵塞了裂缝内的渗滤空间，阻碍了流体的流动，使裂缝的有效性大为降低。

由于须家河组地层属于煤系地层，岩层中的炭质和泥质均属于塑性物质，在上层围岩的压力下，煤质和泥质易被压入张开的裂缝中，从而堵塞裂缝，降低裂缝的有效性。

根据该区岩心观测及薄片鉴定相关资料分析，研究区须家河组砂岩储层裂缝中，全充填缝和半充填缝形成时间较早，在喜山运动早期东西向挤压构造力作用下形成的，该期裂缝主要为北东、北西向平面"X"型共轭剪切缝，该期裂缝基本上被方解石、泥质炭质等充填。因此，裂缝储集和流通性能较差，有效性相对较差。喜山运动晚期北东向挤压构造力作用下主要形成剖面"X"型共轭剪切缝，方位为北西向，以及断层伴生的近东西向伴生缝及横张缝，该期裂缝基本未充填或半充填，其有效性相对较好。

从岩心观测结果来看，元坝地区低角度缝及水平缝充填程度较高，而高角度缝及直立缝充填程度较低，未充填缝中大部分为高角度的剪切缝。因此，从充填程度来说，喜山晚期形成的未充填高角度剪切缝有效性相对较好。

由于不同地质历史时期古地应力场形成了发育程度或间距各不相同的多组裂缝，在现代应力场作用下，不同组系裂缝所受的应力状态不同，其开度和连通性有一定差异，从而造成了裂缝渗透率各向异性。裂缝形成以后，裂缝目前的地下开度是其静封闭压力的函数，随着静封闭压力的增大，裂缝开度将减小。静封闭压力可表示为：

$$p = \frac{\mu}{1-\mu}Hp_{s}\sin\alpha + Hp_{s}\cos\alpha - Hp_{w} \pm \sigma\sin\alpha\sin\beta \qquad (4-17)$$

式中，p 为作用于裂缝面上的静封闭压力；μ 为岩石的泊松比；H 为埋藏深度；p_{s}、p_{w} 分别为上覆地层岩石和地层水的容重；σ 为现代应力场最大主应力，取压为，正拉为负；α 为裂缝倾角；β 为现代应力场最大主应力方向与裂缝走向的夹角。

各组系裂缝的发育程度和开度决定了各组裂缝的渗透率，裂缝渗透率是裂缝间距和开度等参数的函数，即

$$K_{f} = \sum_{i} \frac{e_{i}^{3}}{12D_{i}}\cos\alpha_{i} \qquad (4-18)$$

式中，K_{f} 为裂缝的渗透率；e_{i}、D_{i} 分别为第 i 组裂缝的开度和间距；α_{i} 为第 i 组裂缝与流体压力梯度的夹角。

由式(4-17)、式(4-18)看出，在其他条件相同时，与现代应力场最大主应力方向近平行的裂缝由于受相对拉张作用，其开度最大，连通性最好，渗透率也最高；与现代应力场最大主压应力方向近垂直的裂缝由于受挤压作用，其开度最小，连通性最差，渗透性最差；与现代应力场最大主压应力方向斜交的裂缝，其渗透性介于二者之间，并随交角增大，渗透性变差。因此，现代地应力对裂缝有

效性的影响表现在：即使不能形成新的裂缝，也能对原来形成的天然裂缝有一定的改造作用；如果现代最大水平主应力方向与裂缝的走向一致或者相近，则在一定程度上可使原来闭合的裂缝重新张开，使得裂缝有效性变好；如果现代最大水平应力方向与裂缝的走向垂直或者大角度相交，则会使裂缝的张开度减小，甚至闭合，导致裂缝有效性差。

根据统计与分析工区现今最大主应力方向主要为北西西 - 南东东向（270° ~ 290°）。通过前面裂缝的岩心、成像测井的解释以及裂缝预测的结果来看，裂缝走向方位主要也为北西西 - 南东东向（270° ~ 290°）可见裂缝与现今的最大主应力方向基本一致，裂缝开度较大，连通性好，渗透率高，裂缝的有效性好。从总体上来看，由于工区北西向裂缝的走向基本上都与现今最大水平应力的方向平行或呈锐夹角，所以现代地应力对该区的裂缝有一定的改善作用，故工区北西向裂缝有效性最好，其次是北东向，近南北向裂缝与现今最大水平应力的方向垂直，有效性差。

4.4 应用实践分析

根据以上技术原理，开展应力场数值模拟研究时常用的技术参数如下：①构造曲率：表示构造面梯度变化的快慢；②最大主应变：表示形变的大小；③张应变（+）：与裂缝密度有关；④压应变（-）：表示地层压实变形；⑤最大主应力：表示最大主应力的大小；⑥压应力（+）：平行裂缝方向；⑦张应力（-）：平行裂缝法向方向；⑧应力方向角：表示最大主应力方向，与张应变结合，可以表示裂缝的发育方向。

针对背斜等张裂缝的储层构造，从构造力学出发，利用地层的几何信息（构造面）、岩性信息（速度、密度）、岩石物理信息（泊松比、拉梅常数、剪切模量）等建立地质模型、力学模型和数学模型，运用三维有限差分数值模拟方法对地层的应力场进行模拟，研究构造、断层、地层岩性厚度、区域应力场等地质因素与构造裂缝分布的关系，计算地层面的曲率张量，变形张量和应力场张量，从而得到主曲率、主应变和主应力、主应力方向等参数来预测与构造有关的裂缝分布及发育程度。

对元坝地区须二段致密砂岩储层段进行构造应力分析（图4-6），结果显示裂缝的发育强度主要从东向西呈减弱趋势。图中的黑色区域为裂缝强发育区域，大部分与断层（图中黑色线段）呈伴生状，淡黑色区域的裂缝为中等发育，主要分布在西部及东、中部的断层之间及背斜的主体构造部位上，灰、白色区域的裂缝相对不发育，呈斑块状展布。从图中也能看出，须二段致密砂岩中发育的裂缝呈交叉、共轭状，西部有利致密砂岩储层分布区主要发育中等－微型裂缝(淡黑色、黑色区域)，这样有利于天然气的保存及对孔隙储层的沟通，可望获得高产工业气流井。从裂缝玫瑰图中看出，研究区内的裂缝方向与背斜主轴走向、断层走向平行，局部裂缝走向与断层走向垂直。

通过对 yl2 井须二段的实测裂缝走向与构造应力分析所得的裂缝走向分析(图4-7)，两者吻合程度较高，这也证明利用构造应力场分析可实现裂缝走向的预测。再对其他的井资料进行分析可知，所预测的结果与井上的资料吻合较好，达到地质上的要求。

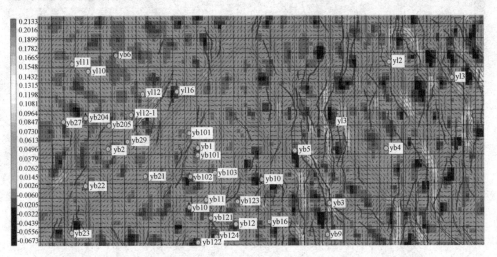

图4-6　元坝地区须二段构造应力场预测的裂缝强度＋玫瑰平面图

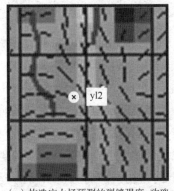
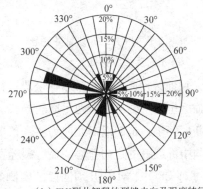

（a）构造应力场预测的裂缝强度+玫瑰　　（b）FMI测井解释的裂缝走向及强度特征

图4-7　yl2 井构造应力场预测与实测须二段裂缝发育特征

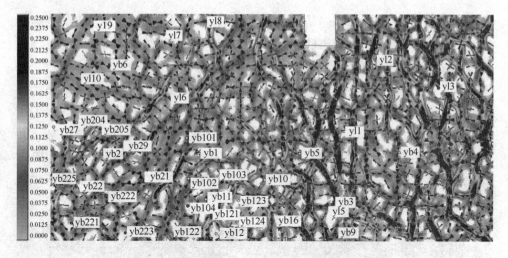

图4-8　元坝地区须四段构造应力场预测的裂缝强度+玫瑰平面图

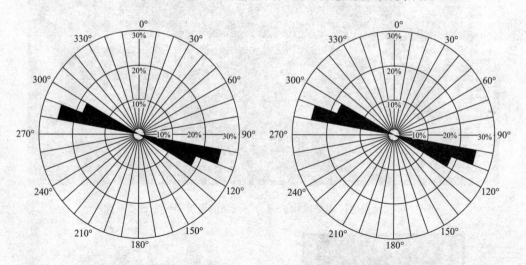

图4-9　元坝地区yl8井须四段钻井诱导　　　图4-10　元坝地区yl10井须四段钻井诱导
　　　缝走向及强度特征　　　　　　　　　　　　缝走向及强度特征

对元坝地区须四段致密砂岩储层段进行构造应力分析(图4-8),结果显示裂缝的发育强度也是主要从东向西呈减弱趋势。图中的黑色区域为裂缝强发育区域,大部分与断层伴生,走向以南北向为主,条带状展布;而西部主要裂缝带的走向为东北向,与中部裂缝的走向差异明显,裂缝发育强度总体上也比中部的裂缝强度弱。

通过对yl8井、yl10井须四段的实测裂缝走向与构造应力分析所得的裂缝走向分析(图4-9、图4-10),两者吻合程度也相对较高,这也证明利用构造应力场分析可实现裂缝走向的预测。

5 含气性检测

在现今的油气勘探过程中，地震资料在油气检测中得到广泛的应用，并有大量成功的例子。一般情况下，检测油气所使用的地震资料可分为叠前地震资料和叠后地震资料两大类型，用于检测的技术方法表现为各有优缺点，预测的准确度具有较大的差异性(图5-1)，适用性有待商榷。现对相关的油气检测技术简略分述如下。

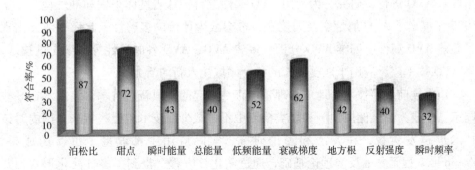

图5-1 相关油气检测的地震属性符合率统计柱状图

1)叠后油气检测

如何在地震资料中直接进行油气识别一直是石油工作者奋斗的方向。20 世纪70 年代出现的"亮点"技术，很大程度上提高了利用地震资料进行烃类检测的能力。随着"亮点"技术在实际油气勘探工作中的广泛应用，其局限性也开始凸显出来，某些特殊的岩性组合也可以在地震剖面上形成强反射，出现假"亮点"。所以，不是所有的"亮点"都是气层或油层所引起的。在应用"亮点"技术进行油气检测时，需要去伪存真、仔细斟酌。70 ~ 80 年代，相继出现了亮点、平点、暗点、三瞬、拟测井速度、声阻抗曲线、频谱比、振幅比、吸收系数等油气检测技术。90 年代，BP Amoco 公司提出了谱分解技术(分频技术)——基于频率域的一种解释性处理技术，该技术主要利用谱分解技术检测储层产生的低频阴影，进而开展油气检测。此外，分频技术也得到了越来越多的地质工作者、地球物理工作者的密切关注，且不断有新的谱分解技术问世。近些年来，陆续出现了模糊识别、多元统计、模式识别（包括灰色预测、神经网络等）、分形分维等烃类检测技术。这些叠后烃类检测技术在油气勘探中发挥着举足轻重的作用。

2）叠前油气检测

前人在 AVO 技术方面做了很多开创性工作，取得了许多重要的成果。Ostrander等（1984）利用共中心点资料，研究反射振幅随炮检距变化的变化情况（AVO 技术），根据其变化特征找到了油气。AVO 技术的出现激发了人们深入研究 AVO 技术的浓厚兴趣。Shuey（1985）简化了 Zoeppritz 方程的 P 波反射系数，提出了一种抛物线的表达式，这为 AVO 零偏移距的提取与属性分析在实际生产中广泛应用提供了可能。Smith（1987）提出在气层检测与流体因子估计中使用加权叠加方法。Miles（1989）将 AVO 信息应用于反演泊松比，直接进行岩性和油气解释。90 年代至今，不同学者致力于充分挖掘 AVO 信息的潜力，又从不同方面和角度对 AVO 进行了研究。为利用 AVO 属性进行特殊岩性体识别和油气检测，于1995 年提出了 AVO 属性交会图技术，希望减少评价的多解性。此后相继又出现了叠前 AVO 属性、四维 AVO 分析、多波 AVO、AVO 各向异性等多项先进技术，为 AVO 技术广泛应用于地震勘探的各个领域注入新的活力。

地震叠前反演技术是地球物理领域正在兴起的一项新兴技术，该技术在某些国家已经成为油气储层预测和烃类检测中不可缺少的技术。近些年来，国内对该技术也越发重视，在方法和理论研究、实际应用中都取得了可喜的成果。Zoeppritz方程是叠前反演理论基础，通过简化该方程，得到了多种简化形式，并应用到油气检测中。针对物性和流体变化敏感的储层，通过叠前反演可以得到许多叠后反演无法得到的参数。Knott 及 Zoeppritz（1919）分别以位和势的形式给出了固体－固体接触界面处的透射和反射公式，即著名的 Knott－Zoeppritz 方程，该方程描述了接触界面两侧透射波与反射波、横波与纵波之间的能量分配关系。而在实际地震资料采集的过程中，子波是随炮检距产生变化的，为了解决这个矛盾，Connolly（1999）提出了弹性波阻抗的概念，将波阻抗从零入射角拓展到了任意入射角。Whitcombe（2002）提出了归一化弹性阻抗概念，解决了 Connolly 弹性阻抗量纲随入射角变化的缺点，使得 AI 的量纲与 EI 的一致，便于比较。同时他还提出了扩展弹性阻抗公式，将弹性阻抗的定义域进行了扩展，为了弹性阻抗的物理意义更加明确，推导了弹性阻抗与 6 个弹性参数之间的关系，以便于应用。通过广义弹性阻抗数据体的计算很容易获得泊松比、纵横波速度比等重要的弹性参数。

5.1 吸收衰减分析法

裂缝、溶孔以及含油气性都会引起储层的孔隙度、饱和度、层速度和地震振幅、频率等属性的变化，从而引起地震波吸收系数的变化。因此，利用地震能量吸收分析技术预测裂缝储层发育情况是可行的。

1）波在岩石中传播的吸收衰减属性

一般认为双相介质岩石由固体骨架和充满流体的孔、洞、缝组成。波在岩石中传播因摩擦（黏滞性、热传导）要损耗能量，固体质点运动也要损耗能量，统称内摩擦或内耗。内摩擦与应力循环有关，比如纵横波有周期性，应力变化也有周期性，在纵波传播的疏密带中，密带为压应力，则疏带就表现为张应力，如果单元体积内含有流体，且有缝隙与外界沟通，则会发生流体在压应力和张应力的交替作用下，出现流体向单元外排出和向单元体内流进的现象，显然要消耗、损失能量。这说明波的衰减与周期（或频率）有关。

设 Δw 为一个周期内损耗的能量，w 为该周期内岩石应变达到极大时所贮存的能量，则 $\Delta w / w$ 定义为岩石能量的"损耗比"，$\Delta w / w$ 可通过较缓慢的加载和卸载实验测得。

损耗比反映了岩石的非弹性性质。可用吸收系数 α 或品质因子 Q 来度量。α 和 Q 有如下关系式：

$$\frac{\Delta w}{w} = \frac{2\pi}{Q} = \frac{4\pi V \alpha}{\omega}$$

$$\frac{2\pi w}{\Delta w} = Q = \frac{\omega}{2V\alpha}$$

$$\frac{\omega \Delta w}{4\pi V w} = \frac{\omega}{2VQ} = \alpha \tag{5-1}$$

式中，V 为波速；ω 为圆频率，$\omega = 2\pi f$。

2）衰减系数 α 的度量

设波的初始振幅为 A_0，传播 x 距离后，其振幅 A 为：

$$A(x) = A_0 e^{-\alpha x} \tag{5-2}$$

则有，

$$\alpha = -\frac{1}{x}\ln\frac{A(x)}{A_0} = -\frac{1}{A(x)}\frac{dA(x)}{dx} \tag{5-3}$$

α 的单位为奈培/米或 Np/m。也可用分贝表示：$\alpha = [dB/m] = -\dfrac{20}{x}\ln\dfrac{A(x)}{A_0}$，

且，$\alpha[dB/m] = 8.686\alpha[Np/m]$，$\alpha[Np/m] = 0.115\alpha[dB/m]$。

在平面波的描述中常设

$$A(x,t) = A_0 e^{i(kx \pm \omega t)} \tag{5-4}$$

若设波在传播过程中有衰减，有时令 K 为复数，即 $K = K_r + i\alpha$，式中 α 为衰减系数，则上式变为：

$$A(x,t) = A_0 e^{-\alpha x} e^{i(K_r x \pm \omega t)}$$
$$= A_0 \exp\left(\dfrac{-\omega x}{2VQ}\right) e^{i(K_r x \pm \omega t)} \tag{5-5}$$

在考虑波的吸收衰减的正演模拟中，常用此式。

3）衰减和储层矿物成分及孔、洞、缝等的关系

波在岩石中的衰减比在矿物中的衰减大，因为岩石（岩体）中有孔、洞、缝的结构面。大量的实验证明，孔隙、裂隙、孔洞对波衰减很大，由于不同岩类的致密程度不同，对波的衰减也不同，岩石越致密 Q 值越大，衰减系数（α）小；岩石越疏松，Q 值越小，衰减系数（α）越大。例如方解石（矿物）的 $Q = 1900$，而石灰岩（岩石）的 $Q = 200$，两者相差近 10 倍。当然，不同岩石的 α 值最大可相差 107 倍。

在式（5-5）中我们假定波数 $K = K_r + i\alpha$，可否再假设 $\omega = \omega_r + i\beta$，或者再假定相速度

$$V = \dfrac{\omega}{K} = V_r + ir \tag{5-6}$$

如果是这样，则 α、β、γ 均是不同意义的衰减常数，式（5-5）可重写为：

$$A(x,t) = A_0 e^{-\alpha x} e^{-\beta t} e^{i(K_r x + \omega_r t)} \tag{5-7}$$

式（5-7）说明波随距离 x 和时间 t 的增大都是要衰减的。这与实际情况是相符的，与速度的色散也是相符的。一般情况下，认为波的衰减（α 或 β）与频率成正比，即低频波传得远，时间长；高频波传不远，时间短。

衰减与频率的关系有两种

$$\alpha \sim f, \alpha \sim f^2 \tag{5-8}$$

后者适用于较疏松的岩石或土壤。此外，随温度升高，衰减加大；随压力升高，衰减减小；压力的影响大于温度的影响。

4）衰减的测量

波衰减的测量比较复杂、困难，因为衰减与地层岩石本身的性质有关，还与传播距离、球面扩散等因素有关，要得到与岩石性质有关的衰减值或品质因子，

比较实用的是"谱比法"，现在重点介绍该方法的测试原理：

设平面波的振幅谱为

$$A(f) = G(x)e^{-\alpha(f)x}e^{i(2\pi ft - kx)} \tag{5-9}$$

式中，f 为频率，x 为岩石样品的长度，$G(x)$ 为几何扩散因子，含球面扩散（无真正意义的平面波），反射和散射等。$\alpha(f)$ 为与频率成正比的吸收系数，设 $\alpha = rf$，其中 r 为常数。由式 $(5-1)$ 得 $Q = \dfrac{\pi}{\alpha V}$（式中 V 为波速）。

为消除 $G(x)$ 的影响，要选择一个在几何形状、长度等方面与待测样品一样的参考样，测量超声波分别穿透测样和参考样（标样）的振幅谱，得参考样和测样的振幅谱为

$$A_1(f) = G_1(x)e^{-\alpha_1(f)x}e^{i(2\pi ft - k_1 x)} \tag{5-10}$$

$$A_2(f) = G_2(x)e^{-\alpha_2(f)x}e^{i(2\pi ft - k_2 x)} \tag{5-11}$$

如果参考样和测样的波速近似相等，则波数 $k_1 \approx k_2$，两式相除得

$$\frac{A_1(f)}{A_2(f)} = \frac{G_1(x)}{G_2(x)}e^{-(\gamma_1 - \gamma_2)fx} \tag{5-12}$$

上式两边取对数得

$$\ln\frac{A_1(f)}{A_2(f)} = (\gamma_2 - \gamma_1)fx + \ln\frac{G_1(x)}{G_2(x)} \tag{5-13}$$

由式 $(5-13)$ 可换成式 $(5-14)$ 的形式：

$$A = (\gamma_2 - \gamma_1)fx + B \tag{5-14}$$

先定测试频率 f，可通过最小二乘拟合，求得直线斜率 $\gamma_2 - \gamma_1$，由于标样的 Q 值为已知或无穷大（对铝样而言 $Q = 150000$，可视为无限大，则 $\gamma_1 \rightarrow 0$），于是，可求得待测岩石样品的 γ 值（γ_2）。

5）衰减属性的作用

衰减随岩石物性参数的变化而变化的程度比波速的相应变化要灵敏得多，包括振幅、频率、吸收等特性（动力学参数）均比波速、时差的变化敏感。

衰减直接反映岩石的微观特性，而波速直接反映岩石的宏观（总体的、平均的）特性，间接反映微观特性。我们感兴趣的，或有意义的，正是岩石的微观特性（孔隙度、渗透率、流体饱和度、裂缝分布、充填物等）。

5.1.1 吸收衰减的应用原理

由反射波法地震勘探原理可知，地震波在地下介质内的传播过程中，其信号的衰

减因素很多，这些衰减因素主要表现为相邻岩相界面以及断层、裂缝处的反射机理、同相介质中的球面扩散和同相介质内的物性变化(含有油、气、水等)，而在这些因素中最关心的是最后一种，即同相介质内的物性变化所引起的地震信号的衰减。

衰减属性分析的主要目的是通过属性标定将定量的地震衰减属性转化为储层特征，地震属性标定中最重要的是认识和识别能够反映地质意义和物理意义的具有稳定统计特征的属性。理论研究表明，与致密的单相地质体相比，当地质体中含流体如油、气或水时，会引起地震波能量的衰减；断层、裂缝等的存在也会引起地震波的散射，造成地震能量的衰减。因此，衰减属性是指示地震波传播过程中的衰减快慢的物理量，是一个相对的概念。衰减属性的分析可以反过来指示这些衰减因素存在的可能性和分布范围。这里的衰减属性分析就是要通过计算出的反映地震波衰减快慢的属性体来指示孔隙度的大小或裂缝的强度和分布范围。

瞬时谱分析技术提供了频率域地震波衰减属性分析的手段，一般来说，在高频段，在地质背景条件相同的情况下，由于孔隙度大或裂缝发育，使得地震波信号的能量衰减增大，与不衰减的频率域特征相比，衰减后的整个频带将向低频段收缩。能量衰减可以通过能量随频率的衰减梯度、指定能量比所对应的频率、指定频率段的能量比等物理参数进行指示，不同的物理参数从不同的侧面反映孔隙度或裂缝发育情况。衰减梯度就是衰减属性之一，如图5-2黑色箭头所示，它表示了高频段的地震波能量随频率的变化情况，它可以指示地震波在传播过程中衰减的快慢。

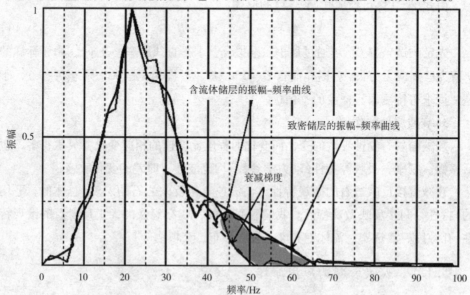

图5-2 吸收衰减属性用于溶孔、裂缝等有利储层的检测

有关衰减属性计算都用到了叠后纯波数据，大多数衰减算法主要是通过小波变换，将地震资料从时间域转换到频率域，在频率域内检测其高频段的衰减（图5-3），其主要检测属性有以下几个：

ATN_GRT 通常叫衰减梯度（数据值一般在 −2～0 范围），表示主频到最高有效频率之间的斜率，一般来说，孔隙或裂缝含油气后高频段衰减较大，斜率增加，即负值越大；

ATN_FRQ 为起始衰减频率（即主频对应的频率），一般孔隙或裂缝含油气后高频衰减快，即该值较高时，含油气可能性大；

FULL_FRQ 为85%能量所对应的频率，即对能量积分，当能量达到85%时对应的频率，一般孔隙或裂缝含油气后降低；

ENG_RTO 为给定频率前面部分能量积分与总能量积分之比，孔隙或裂缝含油气后该值一般会增大。

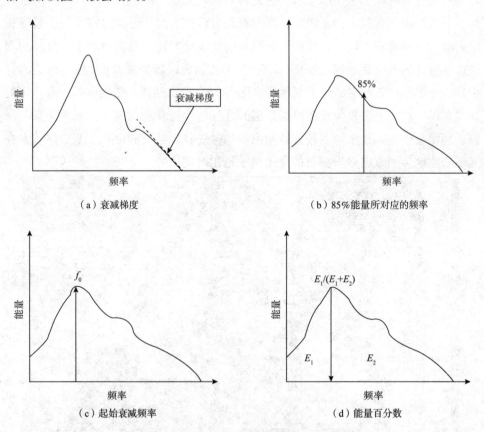

（a）衰减梯度　　　　　　　　　（b）85%能量所对应的频率

（c）起始衰减频率　　　　　　　（d）能量百分数

图5-3　地震波衰减属性的主要参数示意图

5.1.2 应用实践

通常情况下储层含流体(油、气或水)后,会造成地震波的反射振幅或频率产生衰减现象,如储层中发育裂缝时,则会产生衰减加剧;而不含流体的岩层往往不会造成地震波的反射振幅或频率产生衰减。所以,检测地震波的振幅或频率衰减情况可以反过来确定储层的含流体或裂缝发育区域。通过合理选取时窗并沿主要目的层段提取起始衰减频率、衰减梯度等对气层敏感的属性进行平面成图,分析图中衰减的位置则可以推断出储层含流体或裂缝的大体分布位置。

利用三维叠后地震纯波地震资料及相关的层位数据计算、提取元坝地区须二段的吸收衰减梯度平面图(图5-4),可见图中地震波衰减剧烈的区域为吸收衰减梯度值相对较小分布的区域(图5-4中的灰白色区域及其中的淡黑色区域)。另外,从吸收衰减梯度平面图来看,衰减相对剧烈(衰减梯度值小于-0.36)的区域与有利沉积相分布区大体上吻合,推测有利沉积相区的储层相对富含气引起地震反射波的衰减现象,而不含气的区域引起的地震反射波衰减相对较小。这样的现象也从过井的吸收衰减梯度剖面(图5-5中灰黑色区域为衰减剧烈)及相关的井中砂岩储层段试气与衰减梯度属性交会图(图5-6)得到进一步的体现,有一定的规律可寻,总体上表现为致密砂岩储层的含气丰度与衰减现象呈正相关关系。所以,利用吸收衰减技术可以较好地预测有利含气砂岩储层的位置,至少该技术在元坝研究区预测致密砂岩储层的应用例子是相对成功的。

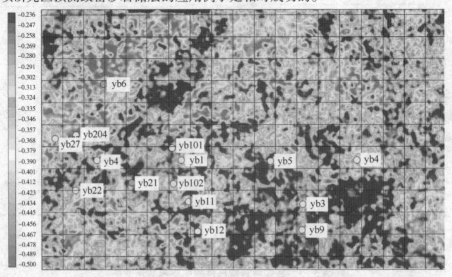

图5-4　元坝地区须二段衰减梯度平面图(ATN_GRT)

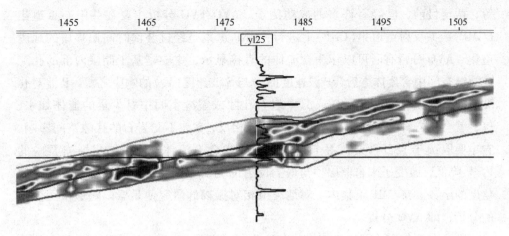

图 5-5　元坝地区过 yl25 井须二段衰减梯度剖面图(ATN_GRT)

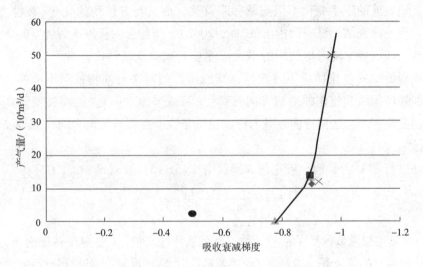

图 5-6　元坝地区钻井试气结果与衰减梯度属性交会图

5.2　AVO/FVO 技术

AVO/FVO 分析是研究反射波振幅或频率随炮检距的变化来估测及分析弹性岩石物理特性的一门新的地震勘探技术，已相当成功地应用于地下油气探测，特别是天然的检测、岩性及储层特征的分析研究。

AVO/FVO 技术与地震、地质、测井等信息相结合，并将这些信息进行综合分析，这是油气预测的一种好方法，国内外应用它识别真假亮点、预测油气藏等，截至目前，已经有许多的成功例子。AVO/FVO 分析主要在共中心点道集（CMP）或共反射点道集（CRP）上进行，CRP 道集是经过叠前时间偏移后的地震道集。AVO 分析有时可以作为含流体的直接显示，主要是基于储层内部的孔隙或裂缝空间中含流体之后，P 波速度（V_P）与 S 波速度（V_S）的响应之差。P 波对孔隙或裂缝内流体的变化敏感，只要岩石孔隙或裂缝空间中有少量的流体如水、气，就会使岩石的 P 波速度明显地降低；相反，S 波不受岩石的孔隙空间影响，它主要取决于岩石骨架。由于孔隙或裂缝中含有流体，使得储集层岩石中的 V_P/V_S 降低，改变了来自储层顶与底的反射的相对振幅，它是波反射到界面上的角度的函数。在 CMP 道集内，对地震道相对振幅的研究便是振幅随炮检距变化的分析，即 AVO 分析。

FVO 分析的结论可以直接描述含流体发育特征。尤其是存在有裂缝发育的储层内，地震波的频率变化不但与偏移距有关，而且与方位角的变化（裂缝方向）有关。理论研究结果已明确指出（Shen，2002），当储层内孔隙或裂缝空间含流体时，地震波的频率随着炮检距的增大而逐步衰减，也就是说，对于岩石储集层，孔隙或裂缝空间含流体或不含流体，其地震波的频率衰减特征是不一样的。同样，如果储层内含流体的裂缝方向发育（一组或多组方向），地震波的频率在裂缝方向要比在裂缝法向方向衰减的慢。也就是说，在裂缝法向方向，地震波的频率衰减最大。

在进行 FVO 分析时，频率估算函数由式（5-15）给出（Shen，2002）：

$$F(f) = \frac{1}{\sum_{K=M+1}^{P} \alpha K \, | \, e^H(f) V_K \, |^2} \tag{5-15}$$

式中，α 是加权函数，M 是信号个数，P 是总特征向量，V 是单个特征向量，e 是复正弦向量，H 为汉密顿算子。下面主要是针对 AVO 反演技术进行分析和介绍。

5.2.1 基本弹性参数

在地震勘探中，离震源很近的地方为塑性带，爆炸造成的形变很大，而在远离震源的地方，受力很小，作用时间也很短，可以近似地看成是弹性体，地震波可以看作是岩层中的弹性波。

在弹性波理论中，弹性波方程反映了弹性波的传播规律，并揭示了弹性波的本质。在 AVO 技术中常用的 5 个弹性参数为：①杨氏模量（或弹性模量）E：它是物质对受力作用的阻力的度量。固体介质对拉伸力的阻力越大，弹性越好，E 值越大。其物理意义是使单位截面积的杆件伸长 1 倍的应力值。②泊松比 σ：它表示杆件受载荷作用的相对缩短量(伸长量)与它的截面尺寸相对增大量(缩小量)之比。它的绝对值介于 $0 \sim 0.5$ 之间。③切变模量(或横波模量)μ：它是切应力与切应变之比，是阻止剪切应变的一个度量，流体无剪切模量即 $\mu = 0$。④体积模量 K：它表示物体抗压缩的性质，说明岩石的耐压程度。⑤λ(常把 λ、μ 称为拉梅系数)：它是阻止横向压缩所需要的拉应力的一个度量。阻止横向压缩的拉应力越大，λ 值也越大。

以上 5 个弹性参数是分辨岩性的基本参数。其中，杨氏模量 E 和泊松比 σ 是岩石分析中常用的弹性指标。它们之间关系如下：

若已知拉梅系数 μ、λ，可求取 E、K、σ：

$$E = \mu(3\lambda + 2\mu)/(\lambda + \mu) \tag{5-16}$$

$$\sigma = \lambda/[2(\lambda + \mu)] \tag{5-17}$$

$$K = \lambda + 2/3\mu \tag{5-18}$$

若已知泊松比 σ 和杨氏模量 E，则可求取拉梅系数 λ、μ 和体积模量 K：

$$\lambda = E\sigma/[(1+\sigma)(1-2\sigma)] \tag{5-19}$$

$$\mu = E/[2(1+\sigma)] \tag{5-20}$$

$$K = E/[3(1-2\sigma)] \tag{5-21}$$

5.2.2　纵波与横波

介质中各点的振动方向和波的传播方向相同的波是纵波，也称 P 波、疏密波或压缩波。声波就是纵波的一种。介质中各点的振动方向和波的传播方向相垂直的波是横波，也称 S 波、切变波或剪切波。横波可分为垂直偏振横波(SV 波)和水平偏振横波(SH 波)。

弹性波的速度与岩石物理性质之间的关系如下列公式所示：

$$\text{纵波速度 } V_P = \sqrt{\frac{\lambda + 2\mu}{\rho}} = \sqrt{\frac{E(1-\sigma)}{\rho(1+\sigma)(1-2\sigma)}} \tag{5-22}$$

$$\text{横波速度 } V_S = \sqrt{\frac{\mu}{\rho}} = \sqrt{\frac{E}{2\rho(1+\sigma)}} \tag{5-23}$$

由于 λ、μ 和 ρ 都是正数，所以式(5-22)与式(5-23)对比，显然有 $V_P > V_S$。在流体介质中，$\mu = 0$，则 $V_P = \sqrt{\dfrac{\lambda}{\rho}}$，$V_S = 0$，所以横波的传播与纵波不同，它不受岩石孔隙中充填的流体的影响。

$$\text{纵横波速度比：} \frac{V_P}{V_S} = \sqrt{\frac{2(1-\sigma)}{(1-2\sigma)}} \tag{5-24}$$

如果纵、横波速度已知，则可求得泊松比 σ：

$$\sigma = \frac{\dfrac{1}{2}\left(\dfrac{V_P}{V_S}\right)^2 - 1}{\left(\dfrac{V_P}{V_S}\right)^2 - 1} \tag{5-25}$$

由于 $\sigma = \lambda/[2(\lambda + \mu)]$，所以当 $\lambda = 0$ 时，$\sigma = 0$；当介质为流体 $\mu = 0$ 时，$\sigma = 0.5$ 为最大值。因此泊松比 σ 值在 $0 \sim 0.5$ 范围内。当岩石越坚硬，σ 越小；岩石越疏松，σ 越大。尤其是压裂破碎和含流体后的岩石，泊松比 σ 值明显增高。泊松比大致反映了岩石的特征。

各类岩石的泊松比 σ 有明显的差异：$\sigma_{砂岩} = 0.17 \sim 0.26$，$\sigma_{白云岩} = 0.27 \sim 0.29$，$\sigma_{石灰岩} = 0.29 \sim 0.33$，$\sigma_{煤岩} = 0.38 \sim 0.46$，$\sigma_{风化层} = 0.33 \sim 0.5$，$\sigma_{含气砂层} = 0.1 \sim 0.2$，$\sigma_{含油砂层} = 0.22 \sim 0.25$。

在石油物探中，按岩石泊松比 σ 的变化，尤其是含不同流体后岩石 σ 的变化，可以进行岩石的横向追踪，判断岩石的含油、气、水特征。

在含水饱和碎屑砂岩中，纵横波速度之间的关系近似为：

$$V_P = a + bV_S \tag{5-26}$$

5.2.3　速度、密度与波阻抗、孔隙度和弹性系数的关系

波阻抗与密度和孔隙度的关系可以表示为：

$$\rho V = \frac{\rho}{\Delta t} = \frac{\varphi \rho_f + (1 - \varphi)\rho_m}{\varphi \Delta t_f + (1 - \varphi)\Delta t_m} \tag{5-27}$$

式中，ρV 为波阻抗，Δt 为声波时差，φ 为孔隙度，ρ_f 为流体密度，ρ_m 为基质密度，Δt_f 为流体时差，Δt_m 为基质时差。

由波阻抗计算孔隙度的公式为：

$$\varphi = \frac{\rho_m - \rho V \Delta t_m}{\rho V(\Delta t_f - \Delta t_m) - (\rho_f - \rho_m)} \tag{5-28}$$

对于泥质含量较大的地层，由波阻抗计算孔隙度公式为：

$$\varphi = \frac{(1 - M)(\rho_m - \rho V \Delta t_m) + M(\rho_S - \rho V \Delta t_S)}{\rho V(\Delta t_f - \Delta t_m) - (\rho_f - \rho_m)} \tag{5-29}$$

式中，M 为泥质含量，其他参数同式（5-27）中参数。

通过速度、密度与弹性参数的关系，利用已知速度和密度，可求取 5 个弹性参数：

杨氏模量 　　　　　　$E = \rho \dfrac{3V_{\mathrm{P}}^2 - 4V_{\mathrm{S}}^2}{\left(\dfrac{V_{\mathrm{P}}}{V_{\mathrm{S}}}\right)^2 - 1}$

泊松比 　　　　　　$\sigma = \dfrac{\dfrac{1}{2}\left(\dfrac{\Delta V_{\mathrm{P}}}{V_{\mathrm{S}}}\right)^2 - 1}{\left(\dfrac{V_{\mathrm{P}}}{V_{\mathrm{S}}}\right)^2 - 1}$

切变模量 　　　　　　$\mu = \rho V_{\mathrm{S}}^2$

体积模量 　　　　　　$K = \rho\left(V_{\mathrm{P}}^2 - \dfrac{4}{3}V_{\mathrm{S}}^2\right)$

拉梅系数 　　　　　　$\lambda = \rho\left(V_{\mathrm{P}}^2 - 2V_{\mathrm{S}}^2\right)$

5.2.4　AVO 反演属性成果及油气物性含义

1）道集分析

AVO 振幅异常除了随炮检距顺序排列外，还可按入射角顺序排列，即为时域$(t-x)$和角道集$(t-\theta)$的显示。这两种显示在 AVO 分析中是最直观、最基础的，能反映出振幅随炮检距（入射角）的变化趋势，即振幅随炮检距或入射角增大而增大或增大而减小。一般认为前者是存在油气层的识别标志。

当地震波垂直入射时，在叠前 CMP 或 CRP 道集中的非零炮检距地震道的反射系数（或反射振幅）包含了纵波和横波的信息。其反射系数按照入射角的大、中、小或炮检距的近、中、远进行排序。

$$R_{\mathrm{P}}(\theta) \approx \frac{1}{2}\left(\frac{\Delta V_{\mathrm{P}}}{V_{\mathrm{P}}} + \frac{\Delta \rho}{\rho}\right) + \left(\frac{1}{2}\frac{\Delta V_{\mathrm{P}}}{V_{\mathrm{P}}} - 4\frac{V_{\mathrm{S}}^2}{V_{\mathrm{P}}^2}\frac{\Delta V_{\mathrm{S}}}{V_{\mathrm{S}}} - 2\frac{V_{\mathrm{S}}^2}{V_{\mathrm{P}}^2}\frac{\Delta \rho}{\rho}\right)\sin^2\theta +$$

$$\frac{1}{2}\frac{\Delta V_{\mathrm{P}}}{V_{\mathrm{P}}}(\tan^2\theta - \sin^2\theta) \qquad (5-30)$$

当入射角 $\theta = 0°$，即垂直入射时，不含横波速度，为纵波反射系数。

$$R_{\mathrm{P}}(0) = P = \frac{\rho_2 V_{\mathrm{P}_2} - \rho_1 V_{\mathrm{P}_1}}{\rho_2 V_{\mathrm{P}_2} + \rho_1 V_{\mathrm{P}_1}} = \frac{1}{2}\Delta Ln\rho V_{\mathrm{P}} \qquad (5-31)$$

当入射角 $0° < \theta \leqslant 30°$ 时，第三项的 $\tan^2\theta - \sin^2\theta \leqslant 0.083$，而 $\dfrac{\Delta V_{\mathrm{P}}}{V_{\mathrm{P}}}$ 又较小，所以可以略去，而第二项不可忽略应加上。

$$R_{\mathrm{P}}(\theta) = \frac{1}{2}\left(\frac{\Delta V_{\mathrm{P}}}{V_{\mathrm{P}}} + \frac{\Delta \rho}{\rho}\right) + \left(\frac{1}{2}\frac{\Delta V_{\mathrm{P}}}{V_{\mathrm{P}}} - 4\frac{V_{\mathrm{S}}^2}{V_{\mathrm{P}}^2}\frac{\Delta V_{\mathrm{S}}}{V_{\mathrm{S}}} - 2\frac{\Delta \rho}{\rho}\right)\sin^2\theta \quad (5-32)$$

当入射角较大 $\theta > 30°$ 时，此时的 $(\tan^2\theta - \sin^2\theta)$ 增加较快，不能忽视，必须加上第三项。

$$R_{\mathrm{P}}(\theta) = \frac{1}{2}\left(\frac{\Delta V_{\mathrm{P}}}{V_{\mathrm{P}}} + \frac{\Delta\rho}{\rho}\right) + \left(\frac{1}{2}\frac{\Delta V_{\mathrm{P}}}{V_{\mathrm{P}}} - 4\frac{V_{\mathrm{S}}^2}{V_{\mathrm{P}}^2}\frac{\Delta V_{\mathrm{S}}}{V_{\mathrm{S}}} - 2\frac{\Delta\rho}{\rho}\right)\sin^2\theta + $$
$$\frac{1}{2}\frac{\Delta V_{\mathrm{P}}}{V_{\mathrm{P}}}(\tan^2\theta - \sin^2\theta) \tag{5-33}$$

岩石中充满气体以后，$R_{\mathrm{P}}(\theta)$（反射振幅）通常随炮检距（入射角）的增大而增强，不含气时 $R_{\mathrm{P}}(\theta)$（反射振幅）随炮检距（入射角）的增大而减弱，在接近临界角时又逐渐增强。

2）截距 P

P 为由零炮检距截距构成的地震道，即纵波的叠加道，它代表对反射界面两测波阻抗变化的响应。

$$P = \frac{\rho_2 V_{\mathrm{P}_2} - \rho_1 V_{\mathrm{P}_1}}{\rho_2 V_{\mathrm{P}_2} + \rho_1 V_{\mathrm{P}_1}} = \frac{1}{2}\Delta Ln\rho V_{\mathrm{P}} \tag{5-34}$$

在 P 波剖面上波峰表示由低阻抗到高阻抗的正反射界面，波谷表示负反射界面。常规处理后的叠加地震道是不同入射角（或炮检距）记录的平均，只能作为零炮检距反射纵波的近似。而 P 波剖面则是更接近于零炮检距剖面，所以，更适合用于反演处理。含气后，V_{P} 减小，ρ 值不变，反射振幅增大。

3）梯度 G

当地震波入射角 $\theta \leqslant 30°$ 时，反射系数方式省略第三项，由式(5-35)表示：

$$R_{\mathrm{P}}(\theta) = P + G\sin^2\theta \tag{5-35}$$

假设 $\frac{V_{\mathrm{P}}}{V_{\mathrm{S}}} \approx 2$，那么 $G = -P + \frac{9}{4}\Delta\sigma$，该 G 的表示式说明在上下两层介质的波阻抗一定时，泊松比差 $\Delta\sigma$ 对反射振幅随入射角的变化影响较大（图5-1），$\Delta\sigma$ 越大，反射振幅 $R_{\mathrm{P}}(\theta)$ 随入射角的变化也越大。

P、G 皆可正可负，相互关系见图5-7，常见的 AVO 特性按 P 和 G 的符号有4种情况，即 $P>0$，$G>0$；$P>0$，$G<0$；$P<0$，$G>0$；$P<0$，$G<0$。当 P 与 G 同号时，会出现振幅绝对值随入射角的增大而增大；当 P 与 G 异号时，会出现振幅绝对值随入射角的增大而减小。在一般 CRP 道集上，油气层的振幅随入射角的增大而增大，而含水层振幅随入射角的增大而减小，利用这种差别识别油气层，但要注意的是这种差异并非都是油气层所致。

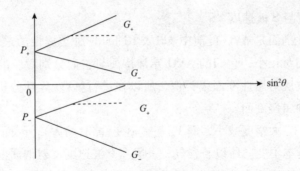

图5-7　反射系数 $R_{\mathrm{P}}(\theta)$ 与入射角 $\sin^2\theta$ 关系图

4）泊松比反射（$P+G$）

它反映了纵、横波速度比或泊松比的变化情况，由 $P+G=\dfrac{4}{9}\Delta\sigma$，当反射界面上、下岩层的波阻抗值（或 P 值）一定时，影响 $R_{\mathrm{P}}(\theta)$ 变化率的参数就是上、下岩层的泊松比差（$\Delta\sigma=\sigma_2-\sigma_1$）。当 $\Delta\sigma>0$ 时，说明上层介质的泊松比小于下层介质的泊松比，泊松比是增大的；当 $\Delta\sigma<0$ 时，说明上层介质的泊松比大于下层介质的泊松比，泊松比是减小的。因此，泊松比参数在 AVO 中起着重要的作用。一般情况下岩石的泊松比随深度的增加而减小，含油气后会降低。

由泊松比与纵横波速度的关系式：$\sigma=\dfrac{\dfrac{1}{2}(V_{\mathrm{P}}/V_{\mathrm{S}})^2-1}{(V_{\mathrm{P}}/V_{\mathrm{S}})^2-1}$ 可知，假设岩石不含气时，若 $V_{\mathrm{P}}/V_{\mathrm{S}}=2$，则 $\sigma=1/3$；如果含气时 V_{P} 降低，如若 $V_{\mathrm{P}}/V_{\mathrm{S}}=1.5$，则 $\sigma=1/10$，泊松比则明显降低。因而岩层含气后，上、下介质的泊松比差 $\Delta\sigma$ 也会随之增大，所以 $P+G=\dfrac{4}{9}\Delta\sigma$ 会增加。由此推断，储层含气以后，泊松比（$P+G$）剖面显示高值。

5）碳氢检测（$P\cdot G$）

在多数情况下，油气的存在使反射振幅 P 和梯度 G 绝对值都会增大，因此，$P\cdot G$ 剖面会更加突出，正异常（$P\cdot G>0$）说明在 AVO 增加的域，可能有油气存在，负异常为 AVO 的减小域。

6）流体因子（$\lambda\rho$）

利用 AVO 分析所得到的纵、横波波阻抗进行流体因子 $\lambda\rho$ 计算得到相关的 $\lambda\rho$ 数据体。该 $\lambda\rho$ 的计算公式如下：

$$\lambda\rho=I_{\mathrm{P}}^2-2I_{\mathrm{S}}^2 \tag{5-36}$$

式中，I_{P}、I_{S} 分别为纵、横波波阻抗。

7）P 波速度与 S 波速度

这一对属性剖面是 AVO 反演中 Aki & Richards 种类属性的最基本属性剖面，由于密度变化相对较小，它们的 AVO 异常特征与它们分别对应的 P 波波阻抗反射及 S 波波阻抗反射属性剖面很类似，所以在进行 AVO 异常分析解释时，可以只选出其中一种属性剖面。

当含气时，V_P 大幅度减小，而 V_S 基本不变（略有增大），因而 $\Delta V_P/V_P$ 大幅度增加，$\Delta V_S/V_S$ 基本不变。所以若含气，一般在 P 波速度反射剖面上可以看到 AVO 异常，而在 S 波速度反射剖面上却看不到，两者有着明显的反差，是寻找 AVO 含气异常的最基本、最有力的分析对比剖面。

8）伪泊松比

由表达式 $R_q(\theta) = \Delta q/q$（这里 $q = V_P/V_S$）可知，当储层含气后，V_P 降低，V_S 不变，则 Δq 绝对值增大，而 q 相对变小，所以 $R_q(\theta)$ 在伪泊松比反射属性剖面上显示为高值。

9）拉梅系数

表达式为 $R_\lambda(\theta) = \dfrac{\Delta(\lambda \cdot \rho)}{\lambda \cdot \rho}$，$\lambda = \rho(V_P^2 - 2V_S^2)$

储层含气后，V_P 降低，V_S、ρ 不变，λ 变小，$\Delta\lambda$ 变大，所以 $R_\lambda(\theta)$ 显示为高值。

10）剪切模量

表达式为 $R_\mu(\theta) = \dfrac{\Delta(\mu \cdot \rho)}{\mu \cdot \rho}$，$\mu = \rho V_S^2$

储层含气后，ρ、V_S 变化微弱，剪切模量反射剖面振幅值变化不大，所以，剪切模量反射剖面对含气储层反映不敏感。

11）弹性波阻抗

弹性波阻抗反射表达式为：

$$R_{EI}(\theta) = \frac{\Delta EI(\theta)}{EI(\theta)} = P + G\sin^2\theta \qquad (5-37)$$

弹性波阻抗表达式为 $EI(\theta) = V_P^{(1+\sin^2\theta)} \cdot V_S^{(-8k\sin^2\theta)} \cdot \rho^{(1-4k\sin^2\theta)}$，$k$ 为常数。

弹性波阻抗反射剖面，即弹性阻抗变化率剖面，含气储层弹性波阻抗剖面一般显示为小值。

12）不同入射角度的属性数据体

按一定入射角度范围进行叠加、偏移处理，能产生各种角度的属性剖面。通常可以产生小角度、中角度、大角度范围的属性数据体，这些属性数据体的剖面往往也能很好地反映地震振幅随入射角变化的特征。在含气层段，大角度属性的振幅往往要比中、小角度属性的振幅强，反射强度由小角度、中角度到大角度逐渐增强，剖面或平面成果很直观。所以，这些不同角度的属性也是寻找含气异常的很好的分析资料。

5.2.5 CMP 道集处理及叠前弹性波阻抗计算

1）CMP 道集处理

对 CMP 道集数据经变换转到针对目的层的角度道集，对入射角小于或等于 30°范围内的道集数据进行分 n 个入射角范围内的数据叠加，并对叠加数据进行偏移处理，提取相关数据体的属性；再对 n 个属性数据进行针对 CDP 点号的数据重构，利用重构数据体进行分析(图5-8)。根据振幅与频率相关的 AVO/FVO 分析显示，FVO 适于进行梯度计算，所得结果优于 AVO 梯度；而泊松比计算则利用重构的 AVO 数据及相关测井数据进行，n 在本次致密砂岩叠前弹性反演实例中设定为 5 个，通常要求 n 大于或等于 3 个，所求取的频率类属性为衰减梯度属性。

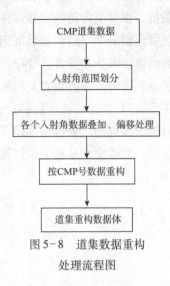

图5-8 道集数据重构
处理流程图

2）叠前弹性波阻抗反演

Connolly(1999)对传统 AVO 分析方法进行了分析，提出了一种弹性波阻抗反演方法，Cambois(2000)研究指出弹性波阻抗比传统的 AVO 截距和梯度具有更高的抗噪声及干扰能力；一般情况下 CMP 道集普遍存在较为严重的噪声及干扰，需要将噪声及干扰去除。现阶段大多数地球物理商业软件采用叠前弹性参数反演技术来实现反演纵横波阻抗、泊松比、拉梅常数和剪切模量等参数的分析，对岩石的机械特性、裂缝发育特征、储层的含油气性进行精细描述，常规的叠前弹性波阻抗反演可以由下面的六个步骤逐步实现：

(1)测井数据解释，求取各井的含水饱和度(S_W)、泥含量(V_{SH})、砂岩百分比含量($SAND$)、孔隙度(φ)。

(2)测井横波反演，求取各井的横波(V_S)、纵横波比(V_P/V_S)、泊松比(σ)、拉梅系数(μ、λ)等。

(3)测井 EI 反演，求取各井的各个入射角的弹性波阻抗(EI)曲线。

(4)测井 *EI* 曲线子波提取，求取井的 *EI* 子波，为后面的地震 *EI* 反演准备。

(5)地震弹性波阻抗反演，求取地震各入射角的弹性波阻抗数据体(角道集)。

(6)地震弹性参数反演，求取 P 波波阻抗数据体、S 波波阻抗数据体、拉梅系数数据体、剪切模量数据体和泊松比数据体。

叠前弹性波阻抗反演的基本思路如图 5-9 所示。主要基于流体置换模型技术反演井中横波速度，根据井中纵波速度、横波速度和密度数据计算井中弹性波阻抗，在复杂构造框架和多种储层沉积模式的约束下，采用地震分形插值技术建立可保留复杂构造和地层沉积学特征的弹性波阻抗模型，使反演结果符合研究区的构造、沉积和异常体特征。其次，采用广义线性反演技术反演各个角度的地震子波，得到与入射角有关的地震子波。在每一个角道集上，采用宽带约束反演方法反演弹性波阻抗，得到与入射角有关的弹性波阻抗。最后对不同角度的弹性波阻抗进行最小二乘拟合，即可计算出纵横波阻抗，进而获得泊松比等弹性参数。其中，关键技术是基于流体置换模型的井中横波速度反演。

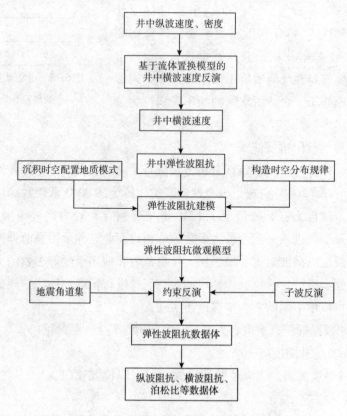

图 5-9　叠前弹性波阻抗反演基本思路

5.2.6　AVO反演实践分析

利用相关的测井数据及CRP道集数据完成对元坝地区的须二段致密砂岩储层的AVO反演计算，得到相关的泊松比数据体，并按一定的时间窗口（20ms）进行须二段沿层泊松比数据的平面属性提取，得到须二段砂岩层的泊松比属性平面图（图5-10）。对于致密砂岩储层而言，当岩石越坚硬，σ越小；岩石越疏松，σ越大，尤其是压裂破碎和含流体后的岩石，泊松比σ值明显增高，这个特点也与碳酸盐岩不同。从图中可见致密砂岩储层中的孔隙或裂缝含气后，泊松比值相对升高，呈中、高值反映，平面图上是淡灰—白色区域（$\sigma > 0.29$）；如砂岩储层局部裂缝剧烈发育时，则可能会造成其泊松比值进一步升高，如平面图中呈淡灰色分布（周围被白色区域环绕）的区域（$\sigma > 0.39$）；白色区域（$\sigma < 0.29$ 且 $\sigma > 0.26$）推测为呈现出局部含气的特征，预测该区域存在低孔隙度的裂缝型储层，因为相对比高泊松比值的区域来说，其砂岩岩石相对致密，相对比更为致密砂岩的低泊松比值的区域（$\sigma < 0.26$，图中的淡黑色至黑色区域）来说，其泊松比值也相对较高，推测为低孔隙型储层，但其发育有微型裂缝体系。

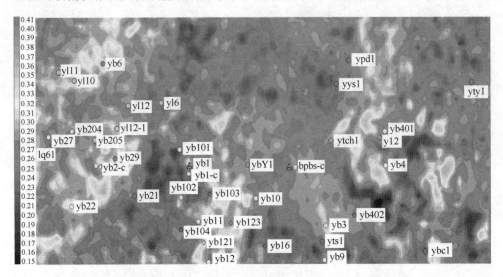

图5-10　元坝地区须二段致密砂岩的泊松比σ平面图

从AVO梯度平面图（图5-11、图5-12）来看，致密砂岩储层含气后其梯度值往往表现为负值的状态。另外，根据井上的试气情况及相关储层段的梯度值分析发现，储层的富气程度跟梯度值成反比——梯度值（负值）越小则储层越富气。因此，在致密砂岩储层预测实践中，寻找AVO梯度负值区域具有重要的勘探意义。

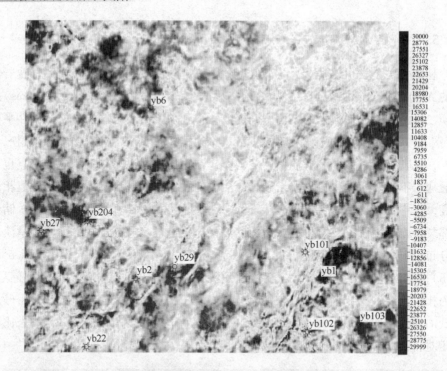

图 5-11　元坝地区须二段 AVO 梯度平面图

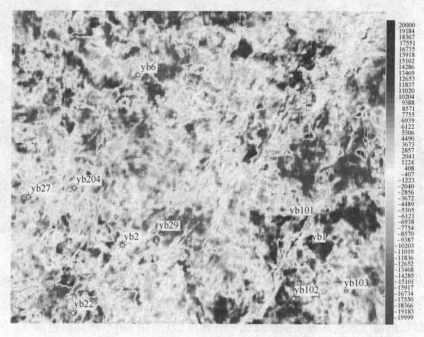

图 5-12　元坝地区须四段 AVO 梯度平面图

5.3 属性交会技术

大量研究资料表明，储层具有多种物理性质，如具有孔隙及裂缝相对发育的特点。针对储层孔隙及裂缝的预测，已经有大量成熟的地球物理手段，并取得相当成功的经验成果。鉴于优质储层的这样的特征，可以使用两种属性进行交会分析，从而确定"优质的孔隙 + 裂缝型储层"的发育位置。另外，当然也可针对储层的某一种物理性质进行交会分析，从而确定储层平面上或垂向上的空间位置信息。

5.3.1 梯度与截距交会

研究表明，AVO 截距与梯度($P - G$)交会图分析是 AVO 碳氢检测技术的一种重要分析手段。通过大量的假定条件及实验分析发现，$P - G$ 交会直线的斜率随着地层泊松比差异的增大而增加，$P - G$ 交会直线的长度随着上下地层纵波速度差异的增加而增长。有了这些特点，所以 $P - G$ 交会图是一种理想的检测与岩性以及流体类型相关的 AVO 响应差异方法。从实际资料的分析可以看出，$P - G$ 交会分析能突出由烃类因素所引起的异常现象。同时可以根据 $P - G$ 交会图的特征确定其是否为有利的油气储层，也可以进一步分析储层气水关系的特点。

1)交会分析原理

AVO 交会图分析技术是在 AVO 碳氢检测反演的基础上发展起来的，用于寻找天然气和轻质油的综合分析技术，它可以直观地分析任意两个 AVO 属性因子的变化规律，分析已钻探井的含气特征，建立 AVO 交会图分析预测量板，对未钻区进行含油气性预测。同时也可在已钻探区内利用一口井或多口井的 AVO 属性的相似性进行横向预测，确定可能的含气层范围、预测未知的含气层以及更深入地分析探区 AVO 异常的性质。

在 AVO 技术的基本原理中，当纵波到达反射界面的入射角小于随入射角变化的 Shuey 公式为：

$$R(\theta) = P + G\sin^2\theta \tag{5-38}$$

式中，P 是入射角为零时的反射系数(截距)；G 是反射系数随入射角变化的梯度；θ 为入射角。公式表明，在入射角小于30°时，纵波反射系数近似与入射角正弦值的平方成线性关系。故可利用 P 与 G 的相互关系，来对岩性及流体进行预测。目前，在常用的众多 AVO 属性交会图中，$P - G$ 交会图是在无井资料或可利用的井资料相对较少的地区仍能取得较好分析效果的一类交会图，而且$P-G$交会图也是国内外学者在 AVO 交会图分析中研究最早、研究最多的一类典型的AVO 交会图，该类交会图的分析和解释技术都比较成熟，所以，本次研究也是主要用$P-G$这两个参数进行交会分析。

Smith 和 Gidlow(1987)等指出，地震资料上提取的 AVO 属性参数截距P和斜率G，在不含烃的地层，在$P-G$交会图上表现为一条过原点的背景趋势线，并且它的斜率依赖于背景的纵横波速度比。随着纵横波速度比值的增加，背景趋势线的斜率由负变为正，即以原点为中心逆时针旋转，其次，实际研究表明，这条背景趋势线的偏移，也可能是含烃的一种指示，这是 Smith 和 Gidlow 使用流体因子ΔF对烃类进行检测的基础。流体因子是从背景趋势线上偏移的一种量度，其关系式为：

$$\Delta F = \Delta V_P / V_P - b (V_S / V_P) (\Delta V_S / V_S) \tag{5-39}$$

式中，ΔF为流体因子，无量纲；b为常系数，无量纲。

Smith 和 Gidlow 指出，对 AVO 解释的一个关键问题是由烃引起的相对偏移的变化幅度。实验表明，当孔隙被烃尤其是被气充填(相对储层油、气)时，这种与背景趋势线的偏移最为明显(图5-13)，图中的箭头表示模型模拟含不同流体偏移的情况。从图中可看出，储层含气的偏移量比该储层含油和水的大，并且含油的偏移量也比含水的大。所以，研究背景趋势线的偏移量，可对该储层是否含烃作出预测。故本次研究利用井中储层$P-G$交会图背景趋势线的偏移情况及交会线的斜率大小，可对储层进行相应的预测及含气性评价。

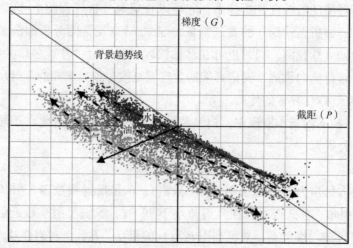

图5-13　储层含不同流体相对背景趋势线偏移示意图

2）实践应用

元坝地区须家河组二段现钻探的井有的含气，有的不含气或含气微弱，产量差异较大。对含气的 yb2 井进行正演研究分析（图5-14），标定后得知该井须家河组二段储层为波谷反射，反射振幅随偏移距增大及方位角变化而增大或减小，图5-14 中可见方位角从 0°～60°反射振幅随入射角增大而增大，而在方位角60°～90°变化时则反射振幅随入射角增大反而减小。所以，可以基本上确定本区须二段含气储层为二类气层：气层与上覆盖层——泥岩波阻抗差小，近炮检距反射能量弱，在常规剖面上为空白

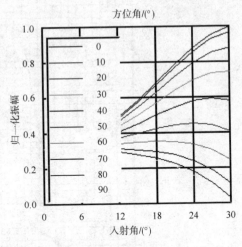

图5-14 yb2 A 井 AVO 正演模型图形显示

反射或弱振幅反射。但由于含气砂岩储层与盖层（泥岩）有较大的泊松比差，振幅随炮检距增加呈增加或减小现象，所以砂岩储层段 P、G 交会点主要分布在第三象限。储层泊松比越低，斜率（负值）越小，对应交会趋势线与水平线的夹角越大（顺时针方向）。对于元坝研究区来说，低的泊松比值往往与储层含气有关，这也是对该盆地含气砂岩储层大量研究所得的结果。

从实际井的砂岩储层的变饱和度、变厚度和变孔隙度模型来看（图5-15～图5-17），三者的变化趋势是一致的，即对同一种类型的含气砂岩来说，其变化趋势是相同的，即随含气饱和度、厚度和孔隙度的增加，出现 P 值减小及 G 值减小的现象。此外，随含气饱和度、厚度和孔隙度的变化，还存在含气砂岩类型的转换，一般可由第 Ⅰ、Ⅳ类向第Ⅲ类转换。

根据正演模拟结果，并结合元坝地区三维地震资料采集情况，本着分析计算条件一致的原则，采用方位角范围一定的道集来进行 AVO 反演。从图5-18 中可见，采用 AVO 反演的道集数据的主要方位角范围为 0°～32°及 145°～180°，也即是图中黑线框内的道集数据。在这两个范围内的道集具有较大的覆盖次数和偏移距，资料的信噪比相对较高，也能满足 AVO 反演的要求。另外在这个方位角的道集（图5-18 中的虚线框）其振幅也随偏移距增大而增大，具有趋同性，而其他方位角则振幅随偏移距的变化而变化较小或振幅变小，可抵消其他方位的 AVO 响应。所以，为排除其他方位角的 AVO 响应干扰，采用方位角为 0°～32°及145°～180°的道集进行相应的 AVO 反演。

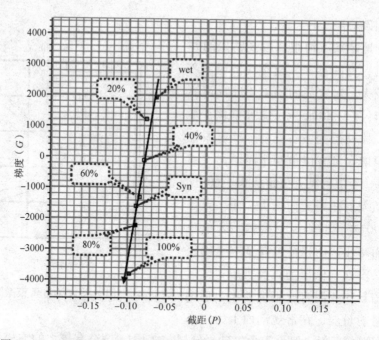

图 5-15　yb204 井储层含气饱和度变化造成的 P-G 交会正演模型示意图

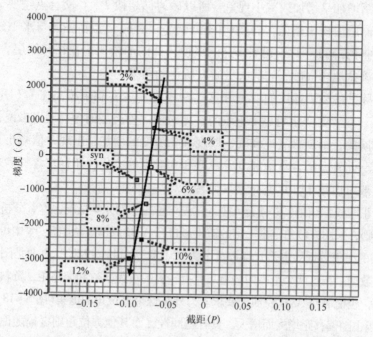

图 5-16　yb204 井储层孔隙度变化造成的 P-G 交会正演模型示意图

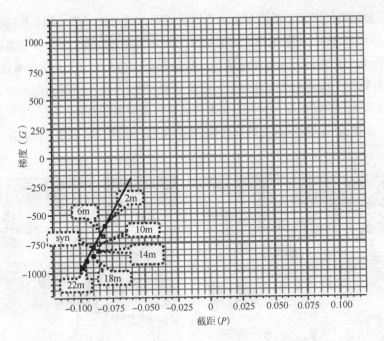

图 5-17　yb204 井储层厚度变化造成的 P – G 交会正演模型示意图

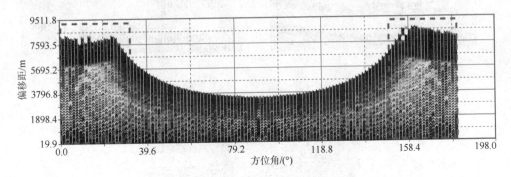

图 5-18　元坝地区三维地震采集炮检距与方位角关系图
（虚线框内为选取进行 AVO 分析的道集）

　　通过对元坝地区钻遇须家河组二段的三口钻井（yb2、yb11、yb4 井）分析，其中 yb2、yb4 井均钻获工业气流，而 yb11 井则钻遇致密非储层。其中钻井 yb2、yb4 井在该储层段的产气量不同，yb2 井的无阻流量比 yb4 井的大，亦即 yb2 井的天然气产能比 yb4 井的大。这表明同样都是钻遇须二段砂层，但砂层含气情况各有不同，对过井叠后地震剖面进行分析（图 5-19），可见从反射振幅特征上很难区分出储层与非储层的区别，三口井的须二段储层段反射特征虽存在差异，但无规律可寻，储层振幅特征区别不出有利储层。如从图中大致对比 yb2、yb11 井的储层段反射振幅（虚线框内），反射振幅大体上基本一致。而测试发现，yb2 井钻遇优质含气储层，而 yb11 井则钻遇致密储层段。从构造形态上分析，yb2 井位于宽缓斜坡上，而 yb11 井则位于构造局部高部位上，应该 yb11 井钻遇含气储层的概率要比 yb2 井的高，但事实则正好相反，这也表明本区的含气储层属于岩性圈闭，与构造的联系性不大，寻找该区的有利含气储层段则应以寻找有利的岩性（高孔隙）为主。

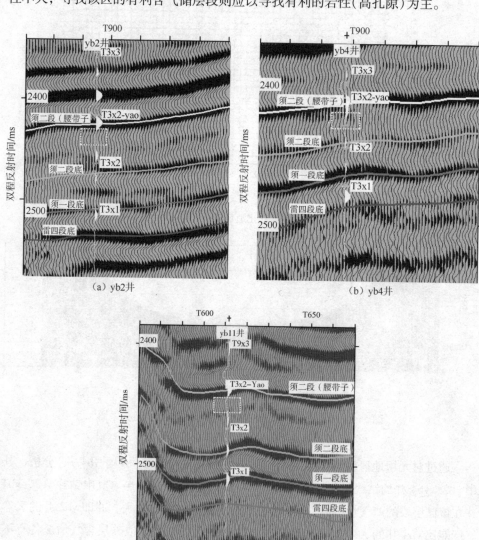

图 5-19　过已知井的地震剖面及合成记录标定

大量研究研究表明，对于砂岩含气储层，AVO 技术有很好的应用效果。储集层随孔隙度增大时，P 值呈负向加大，相应的 G 值呈负向减小。对各井其须二储层段进行 $P-G$ 交会分析发现（图 5-20），含气储层的交会特点与非含气储层的交会情况不同（交会图的显示参数设置一样）。对三个交会图均设置了一个一样的过原点的背景趋势线（图 5-20 中黑色虚线），角度为 41°（与水平线的夹角，下同），黑色点线框内为储层段的 $P-G$ 交会点，黑色点–划虚线为储层 $P-G$ 数据交会趋势线。从图 5-21 中可以看出，yb4 井的交会趋势线角度最大，大致为 305°（顺时针），其次为 yb2 井为 300°，而 yb11 井则为 293°，基本上有一定的角度差值。从梯度 G 斜率表现上看，yb11、yb2、yb4 井呈负向减小趋势。从图 5-20 上总的来看，不含气的储层，会造成其交会趋势线角度变小，即相应的 V_P/V_S 变大，这个通常为 V_P 速度增大所致，而与横波速度相对变小无关，纵波则由于储层致密造成其对应速度值高，所以 V_P/V_S 比值增大。对于相同的岩性，由于横波速度不受储层含气的影响，而储层含气则对纵波速度影响较大，使纵波速度变小，造成 V_P/V_S 变小，所以从交会趋势线角度来说，角度越大则储层的含气可能性越大。

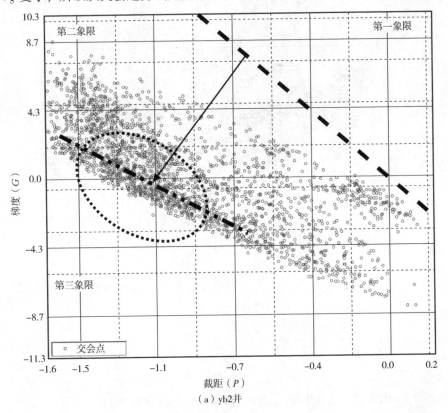

（a）yb2 井

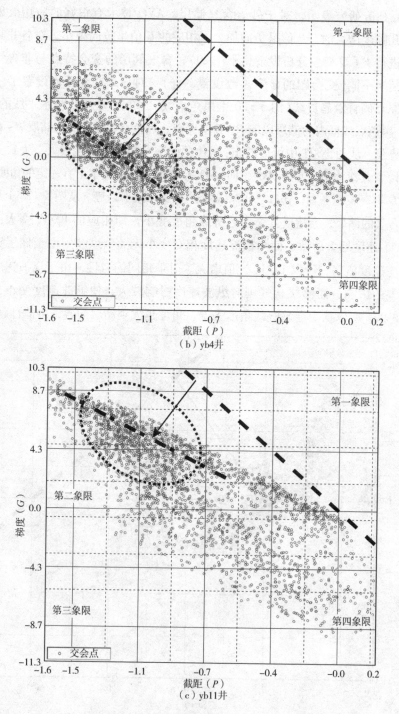

图 5-20 已知井的须二段砂岩储层段的 $P-G$ 交会及分析示意图

其次，相对于背景趋势线（黑色宽虚线）偏移量来说，以 $P-G$ 交会数据密集处的中心（图5-20中点虚线椭圆中心）与黑色背景趋势线的垂直距离（图5-20中黑色箭头线的长度）相比，含气的 yb2、yb4 井的偏移量（中心点到背景趋势线之间垂直距离）都比 yb11 井的大，这也表明储层含气后，造成背景趋势线偏移量增大，但此量与储层含气产量不呈线性关系，只是对储层是否含气起判断作用，也就是说，储层含气后会使 $P-G$ 交会数据远离背景趋势线。

另从储层段 $P-G$ 交会点主要分布象限来看（图5-20），yb2、yb4 井主要位于第二、三象限，而 yb11 井则分布于第三象限，也是有区别的，这些情况和正演的结果也吻合（图5-21）。这个结果表明储层段含气后，交会点会由第二象限到第三象限转化，而非储层 $P-G$ 交会点则主要位于第二象限内。故也可利用分布的象限来对致密砂岩储层进行识别，并区分含气储层与非储层，也可对富气砂岩储层进行预测。

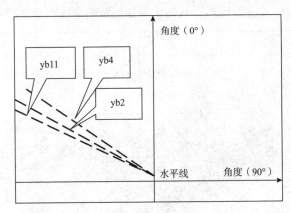

图5-21　已知井须二段砂岩储层的 $P-G$ 交会趋势线角度显示

3）讨论

通过对 $P-G$ 交会图的分析，可对元坝研究区内现有的钻井或设计井进行致密砂岩储层预测，相对比较直观。AVO 技术由于采用叠前反演技术，所以其所获得的信息量是较多的（相对于叠后反演）。利用上述 yb2、yb11、yb4 三井的 $P-G$ 交会图对全区的钻井钻遇须家河组二段的砂岩储层进行井上预测，效果很好，与测井所得的资料吻合率较高。如对该区钻井——yl8 井须二段储层段采用该技术方法进行预测（图5-22），可见各方面均与产气井 yb2、yb4 井相符合，且在偏移角度方面比这两口井都大，达到310°，推测其纵波速度比 yb2、yb4 井都小，泊松比值相对较低，为砂岩储层含气所引起（这也被其他的反演方法所证实）。其次，图5-22中的背景趋势线（a 为 yl8 井、b 为 yb2 井及 c 为 yb4 井、

d 为 yb11 井)也能见到线段 a、b、c 的长度基本一致，而 d 则短许多，有两倍的长度差距，这也表明 yb8 井钻遇须二段工业气层的可能性很大，储层段的含气性质与 yb2 井及 yb4 井的相类似，另外储层段的 $P-G$ 交会点从第二象限到第三象限转化，这个特点也与 yb2 井及 yb4 井一样。从现阶段钻井情况看，该井须二段气测强烈，应为有利含气储层；其中须二段储层解释差气层 7 层 42.3m，含气层计 8 层 42.3m，经后续的储层测试显示，yl8 井须二段的天然气产量为 2.16 × 10^4m³/d。本书利用所得的 $P-G$ 交会成果实施须二段砂岩储层和非储层的划分，在平面上对整个工区须二段(储层)进行研究及分析，预测结果表明与钻遇有利储层的钻井相吻合。

任何的物探方法都摆脱不了多解性的问题，$P-G$ 交会图分析也不例外。所以，针对研究区要建立各种储层段的 $P-G$ 模型，井资料越多则其分析的结果可信度也越高，预测也越精确。所以，可通过后期开发阶段的大量钻井资料，利用该方法建立相应储层段的 $P-G$ 交会模型，从而实现储层预测定性到定量的研究。

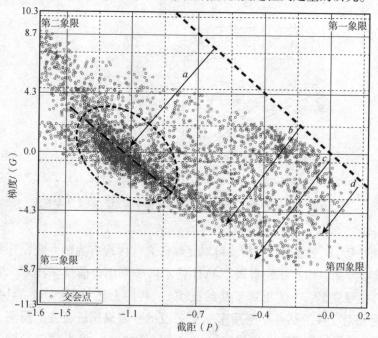

图 5-22　yl8 井须二段砂岩储层的 $P-G$ 交会图及分析
(图中字母代表各井的背景趋势线)

本书中的致密砂岩储层研究利用叠前 AVO 梯度及截距交会技术，对元坝研究区内钻井储层段 $P-G$ 交会图进行分析，进而推广到全区，可得到以下结论：

(1)储层含气后，造成交会趋势线角度变大，不含气则趋势线角度变小。

(2)研究区通过大量的钻井资料分析及各井的 $P - G$ 交会结果统计，其临界角为295°，大于该角度的储层段 $P - G$ 交会结果都可能含气。含气储层 $P - G$ 交会点从第二象限到第三象限转化，而非含气储层则仅仅局限于第二象限。

(3)含气后会造成 $P - G$ 交会点偏离背景趋势线，偏移量越大则储层含烃的可能性大。

5.3.2 泊松比与纵波阻抗交会

利用已有钻井资料进行约束，计算对致密砂岩储层敏感的反演或属性，对相关属性数据体进行双属性交会分析，从而实施对储层与非储层的区分研究。双属性交会分析过程主要以井中储层富气程度作为指示依据，对属性交会图上的储层进行分类，确定不同区域的富气情况，并投影到相关平面图上进行显示。交会数据类别的选取，可以使用以下标准：①以工区范围中的井的井旁道数据交会点的分布作为解释的依据；②以交会点的自然分类作为依据；③储层与非储层在交会图上相对能分开。

根据大量研究资料表明，叠前反演技术所得到的结果对致密砂岩储层预测的准确度较高。本书利用 yb2 井及 yb3 井、yb12 井等的声波时差、泥质含量、含水饱和度、孔隙度和密度等测井资料进行了横波速度反演，利用这些井的测井横波速度和三个叠前地震角道集数据体(入射角分别为10°、20°、30°)进行了叠前弹性波阻抗反演，计算了泊松比、剪切模量、拉梅常数和纵、横波阻抗等岩石弹性参数属性数据。

本书中元坝地区须二段砂岩储层预测的双属性交会分析主要采取泊松比与纵波阻抗两个岩石弹性参数数据进行交会分析(图5-23)，根据该砂岩储层大量特征研究并结合 yb2 井及 yb3 井、yb12 井等须二段致密砂岩储层富气情况资料，认为研究区富含气储层具有低泊松比(小于0.25)及中等—较低的纵波阻抗(小于15000)特征，而致密非储层则有高泊松比及中、高纵波阻抗值特点，利用这个特点把研究区的储层类型划分为五个不同的区域，分为Ⅰ~Ⅴ类。不同的区域解释为不同的富气程度特征，其中Ⅰ类为富含气储层，微型裂缝较发育，Ⅱ类为较好含气储层，Ⅲ类为中等含气储层，Ⅳ类则为差储层，Ⅴ类为致密储层。另从储层预测分类图上也能看到，研究区大部分钻井均位于Ⅰ类、Ⅱ类、Ⅲ类、Ⅳ类上，与该储层段钻井的测井解释结果吻合较好。

通过交会解释的砂岩储层投到平面图上(图5-24)可看出，含气储层在平面上分布情况是：含气储层相对发育，裂缝发育较弱，不发育裂缝则储层相对不发育。Ⅰ、Ⅱ类储层在平面上呈大面积展布，这两类储层主要位于图5-24中的虚线框内(①号区域)，呈较大面积分布；Ⅲ、Ⅳ类储层与之混杂，主要分布在中部且面积不大(②号区域)，Ⅴ类储层则呈零星斑块状分布(③号区域)，这些区域整体上相对连片。断层在该区域相对弱发育，并且有些断层并没有造成致密砂岩储层有效连通。总体上储层分布与地质认识上的沉积成因也有相应的联系，该区物源方向为西北部，这样造成沉积颗粒粒径为NW—ES向由粗变细，造成孔隙度也呈NW—ES向由大变小。

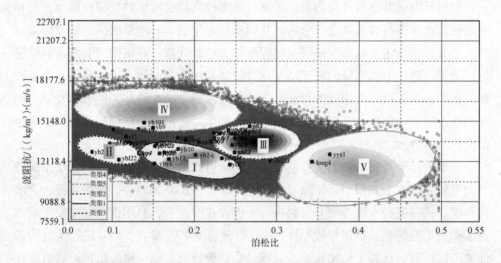

图5-23　元坝地区须二段的泊松比与纵波阻抗交会示意图

元坝研究区内现有的yb2井及yb204井等均在须二段钻遇良好储层，而yb27井、yb11井则在Ⅴ类区域钻遇差储层，微弱含气。从图5-24上也能看到，yb2井及yb204井等均钻在Ⅰ、Ⅱ类区域内(图5-24中的①号区域)，储层较为发育，且与周边的区域储层相连，但从裂缝预测平面上看，这些井并不处在裂缝发育密集区域内，所以裂缝强度较弱，天然气产量并不是很高，这也与钻探结果相吻合，在对yb2井该储层段测试获工业气流，试气产量 $2.0715 \times 10^4 m^3/d$。yb6井也位于Ⅰ类区域，该储层段气测显示较好，但该井也没处在裂缝发育区上，推测主要为孔隙型储层，经加砂压裂后试气产量为 $3.585 \times 10^4 m^3/d$。yb27井处于Ⅴ类区域，虽然裂缝发育较强，而其该段孔隙不发育，故其出气也微弱，经加砂压裂后试气产量仅为 $0.0704 \times 10^4 m^3/d$。而从yb1井钻遇该储层段并试气来看，该井处在Ⅳ区域(图5-24中的②号区域)，试气也只有 $0.1242 \times 10^4 m^3/d$。所以

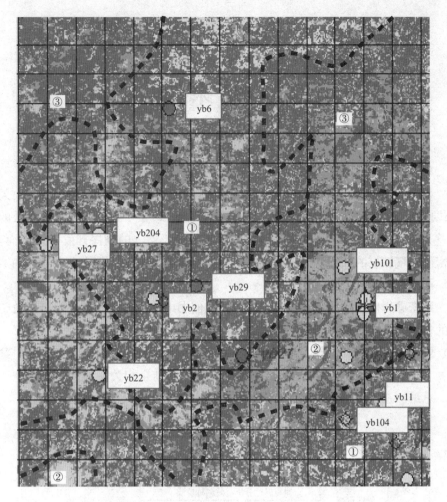

图 5-24 元坝地区须二段泊松比与纵波阻抗交会数据投影平面图

对该致密砂岩储层段的要求是孔隙及裂缝均发育，则其钻获优质含气储层的机会就很大。总体上看，上述技术方法的预测结果与钻井资料吻合较好。

另外从上面的钻井试气情况来看，裂缝是增储上产的关键，但不是唯一决定因素。该钻井钻遇密集裂缝带，该区域储层孔隙发育状况并不好，则试气情况表现为产能衰减很快。所以，只有含气储层中发育裂缝时，裂缝才能真正起到沟通储层的作用，裂缝才能提高产能。所以要综合两者成果对须二段储层的钻井实施定位，主要寻找裂缝发育带与富气储层区域相结合的有利部位，如上述条件不符合，则应以寻找富气储层区域为主。

6   结束语

我国的致密砂岩气非常丰富，对致密砂岩气进行有效地开发是以后解决天然气供应缺口、缓解常规天然气开发压力的重要途径。由于致密砂岩气藏基质的物性差、储层复杂及非均质性强，因此相对于常规天然气的勘探开发和评价而言，致密砂岩气储层的预测研究需要更多的探讨及试验性工作，并从中积累一些实用的储层预测技术。

致密砂岩储层预测是世界难题，希望我们书中的一些预测成果能起到抛砖引玉的作用，所建立相关的致密砂岩储层预测流程（图6-1）能给读者一些建议、认识、思考、探索。致密砂岩储层预测与勘探实践专题研究尽可能收集了四川盆地元坝、ybd 等地区的主要砂岩储层的预测资料，并结合相关储层预测成果进行分析、总结。在对致密砂岩类型储层预测过程中，主要认识和成果简述如下：

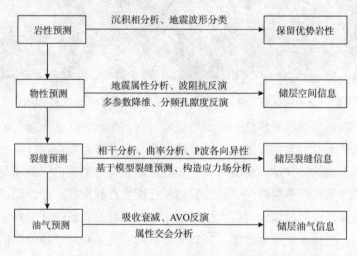

图6-1   致密砂岩储层预测技术流程示意图

（1）致密砂岩储层的沉积相分析相当关键，可给后续的储层预测提供大致的勘探区域。

(2)沉积相分析可采用地震属性或波形进行地震相分类，并对这些地震相利用井上的沉积相进行标定分析，从而对地震相实施解释并转换到相关的沉积相上。

(3)针对裂缝方向的预测，构造应力场分析技术所计算的裂缝方向与井上的实测裂缝方向误差较小，其他裂缝预测技术所得的预测结果则与实测结果误差相对较大。

(4)综合使用地震相分类、地震属性及叠后波阻抗反演技术、多参数降维技术及分频孔隙度反演技术的结果可得到致密砂岩储层的空间位置信息。

(5)叠后高精度曲率、相干检测、叠前 P 波各向异性检测及基于模型的裂缝预测等裂缝预测技术各有优缺点，预测的裂缝规模及精确度各不相同。针对储层裂缝预测的数据输入，叠前地震资料要优于叠后地震资料，因为叠前地震资料包含有更多的信息如方位角、振幅、频率等信息，并且对于微型规模的裂缝探测使用叠前资料也要优于使用叠后地震资料所得到的结果。

(6)从裂缝建模技术预测结果来看，在有成像测井资料约束的井上吻合结果较好，而无井约束的井点位置预测存在不确定性。因此，工区有成像测井资料井的数量及分布、地震属性的准确度及约束条件等情况决定了裂缝建模技术的裂缝预测精度。

(7)通过对钻井产能与构造、沉积、岩性、物性、裂缝发育程度等的综合分析，认为致密砂岩储层预测需要进行储层空间分布信息、裂缝预测、构造应力场分析、含气性检测共 4 种技术所得的成果进行综合研究分析，从而确定致密砂岩储层的发育区域。

(8)针对提高地震资料的信噪比及分辨率可以对采集及处理进行技术攻关，使其得到的地震数据更好地为属性提取、反演、裂缝预测服务。

(9)针对致密砂岩储层的预测难点，可根据砂岩储层的岩石物理响应特征及相关数据体，按照去泥、岩屑砂中找钙屑砂、灰质砾岩储层，储层中找高孔隙好储层、高孔隙好储层评价其裂缝发育、含气性的思路实施储层预测评价。

由于现阶段的油气勘探进程较快、研究时间紧，科研任务相对繁重，有关致密砂岩储层预测成果的分析、认识可能不足，存在疏漏在所难免，并且本书成果集成总结的时间相对紧张，再加上作者水平有限，书中错误和分析不妥之处望读者不吝赐教。

参考文献

[1]郭彤楼. 四川盆地北部陆相大气田形成与高产主控因素[J]. 石油勘探与开发, 2013, 40 (2): 139~149.

[2]李鸿军. 四川盆地中西北部须家河组第四段气藏储层成岩作用研究[D]. 湖南: 湖南科技大学, 2011.5.

[3]陈彦庆. 川东北地区上三叠统须家河组储层特征研究[D]. 成都: 成都理工大学, 2006.6.

[4]甘振维, 王世泽, 任山, 等. 致密砂岩气藏储层改造技术[M]. 北京: 中国石化出版社, 2012, 1~15.

[5]黎华继. 新场气田须二气藏储层评价及综合预测研究[D]. 成都: 成都理工大学, 2008.

[6]钱治家, 钟克修. 川东北地区须家河组沉积相与储层特征[J]. 天然气工业, 2009, 29 (6): 9~12.

[7]盘昌林, 刘树根, 马永生, 等. 川东北地区须家河组天然气成藏主控因素分析[J]. 断块油气田, 2011, 18(4): 418~422.

[8]印峰, 盘昌林, 杜红权. 川东北元坝地区致密砂岩油气地质特征[J]. 特种油气藏, 2012, 19(2): 16~20.

[9]巩磊, 曾联波, 裴森奇, 等. 九龙山构造须二段致密砂岩储层裂缝特征及成因[J]. 地质科学, 2013, 48(1): 217~226.

[10]杨威, 魏国齐, 李跃纲, 等. 川西地区须家河组二段储层发育的主控因素和致密化时间探讨[J]. 天然气地球科学, 2008, 19(6): 796~800.

[11]盘昌林. 四川盆地元坝地区上三叠统须家河组天然气成藏条件研究[D]. 成都: 成都理工大学, 2011.

[12]郑荣才. 米仓山–大巴山前前陆盆地上三叠统须家河组–侏罗系沉积相及储层研究[R]. 中国石油西南油气田分公司, 2003.

[13]叶泰然, 郑荣才. 川西坳陷须二段层序地层特征及储层预测[J]. 天然气工业, 2004, 24 (11): 45~48.

[14]胡明毅, 李士祥, 魏国齐, 等. 川西前陆盆地上三叠统须家河组致密砂岩储层评价[J]. 天然气地质科学, 2006, 17(4): 456~458.

[15]魏国齐,刘德来,张林,等.四川盆地天然气分布规律与有利勘探领域[J].天然气地球科学,2005,16(4):437~442.

[16]林良彪,陈洪德,翟常博,等.四川盆地西部须家河组砂岩组分及其古地理探讨[J].石油实验地质,2006,28(6):511~517.

[17]杨晓宁,陈洪德,寿建峰,等.碎屑岩次生孔隙形成机制[J].大庆石油学院学报,2004,28(1):4~6.

[18]蒋裕强,郭贵安,陈辉,等.川中地区上三叠统须家河组二段和四段砂岩优质储层成因探讨[J].油气地质与采收率,2007,14(1):18~21.

[19]张哨楠.四川盆地西部须家河组砂岩储层成岩作用及致密时间讨论[J].矿物岩石,2009,29(4):33~38.

[20]赵力民,彭苏萍,郎晓玲,等.利用Stratimagic波形研究冀中探区大王庄地区岩性油藏[J].石油学报,2002,23(4):33~36.

[21]徐黔辉,姜培海,沈亮.Stratimagic地震相分析软件在BZ25-1构造的应用[J].中国海上油气(地质),2001,15(6):423~426.

[22]赵力民,郎晓玲,金凤鸣,等.波形分类技术在隐蔽油藏预测中的应用[J].石油勘探与开发,2001,28(6):53~55.

[23]于红枫,王英民,李雪,等.Stratimagic波形地震相分析在层序地层岩性分析中的应用[J].煤田地质与勘探,2006,34(1):64~66.

[24]邓传伟,李莉华,金银姬,等.波形分类技术在储层沉积微相预测中的应用[J].石油物探,2008,47(3):262~265.

[25]殷积峰,李军,谢芬,等.波形分类技术在川东生物礁气藏预测中的应用[J].石油物探,2007,46(1):53~57.

[26]王玉学,丛玉梅,黄见,等.地震波形分类技术在河道预测中的应用[J].资源与产业,2006,8(2):71~74.

[27]胡伟光.地震相波形分类技术在川东北的应用[J].勘探地球物理进展,2010,33(1):52~57.

[28]胡伟光,赵卓男,肖伟,等.YB地区长兴期生物礁控制因素浅论[J].特种油气藏,2010,17(5):51~53.

[29]胡伟光,赵卓男,肖伟,等.川东北元坝地区长兴组生物礁的分布与控制因素[J].天然气技术,2010,4(2):14~16.

[30]吴强.VVA7.3用户手册[Z].北京:地模(北京)科技有限公司,2013,157~162.

[31]王开燕,徐清彦,张桂芳,等.地震属性分析技术综述[J].地球物理学进展,2013,28(2):815~823.

[32]王永刚,乐友喜,张军华.地震属性分析技术[M].山东:中国石油大学出版社,2007,97~100.

[33] 郭华军，刘庆成. 地震属性技术的历史、现状及发展趋势[J]. 物探与化探，2008，32 (1)：19～22.

[34] 肖西，党杨斌，唐玮，等. 地震属性分析技术在饶阳凹陷路家庄地区的应用[J]. 长江大学学报(自然版)，2011，8(5)：40～42.

[35] 董文波，胡松，任宝铭，等. 地震属性技术在克拉玛依油田滑塌浊积岩圈闭勘探中的应用[J]. 工程地球物理学报，2011，8(1)：87～90.

[36] 王咸彬，顾石庆. 地震属性的应用与认识[J]. 石油物探，2004，43(S)：25～27.

[37] 熊冉，刘玲利，刘爱华，等. 地震属性分析在轮南地区储层预测中的应用[J]. 特种油气藏，2008，15(8)：34～43.

[38] 郑忠刚，崔三元，张恩柯. 地震属性技术研究与应用[J]. 西部探矿工程，2007，19(5)：86～88.

[39] 张延玲，杨长春，贾曙光. 地震属性技术的研究和应用[J]. 地球物理学进展，2005，20 (4)：1129～1133.

[40] 王利田，苏小军，管仁顺，等. 地震属性分析在彩16井区储层预测中的应用[J]. 地球物理学进展，2006，21(3)：922～925.

[41] 吕公河，于常青，董宁. 叠后地震属性分析在油气田勘探开发中的应用[J]. 地球物理学进展，2006，21(1)：161～166.

[42] 吴雨花，桂志先，于亮，等. 地震属性分析技术在西南庄－柏各庄地区储层预测中的应用[J]. 石油天然气学报，2007，29(3)：391～393.

[43] 郝骞，张晶晶，李鑫，等. 地震属性油气储层预测技术及其应用[J]. 湖北大学学报，2010，32(3)：339～343.

[44] 代瑜. 叠后地震属性在温米油田三间房组储层描述中的应用[D]. 北京：中国石油大学，2010.

[45] 罗忠辉，冷军. 地震属性分析在潜江凹陷储层预测中的应用[J]. 石油天然气学报，2010，32(1)：228～231.

[46] 胡斌，张亚军，王俐，等. 地震属性技术与储层预测[J]. 小型油气藏，2002，7(1)：24～29.

[47] 唐晓川，孙耀华，吴亚东，等. 地震属性技术在桑塔木碳酸盐岩储层预测中的应用[J]. 河南石油，2005，19(4)：13～15.

[48] 李敏. 地震属性技术研究及其在关家堡储层预测中的应用[D]. 陕西：西北大学，2005：11～12.

[49] 万琳. 地震属性分析及其在储层预测中的应用[J]. 油气地球物理，2009，74(3)：43～46.

[50] 宁松华. 地震属性分析在托浦台储层预测中的应用[J]. 石油天然气学报，2006，28(5)：70～73.

[51] 刘威，罗珊珊，李银婷，等. 地震属性技术在碳酸盐岩储层预测及其应用[J]. 石油化工应用，2011，30(5)：67～69.

[52]刘文岭，牛彦良，李刚，等．多信息储层预测地震属性提取与有效性分析方法[J]．石油物探，2002，41（1）：100～106．

[53]袁野，刘洋．地震属性优化与预测新进展[J]．勘探地球物理进展，2010，33（4）：229～237．

[54]倪逸，杨慧珠，郭玲萱，等．储层油气预测中地震属性优选问题探讨[J]．石油地球物理勘探，1999，34（6）：614～626．

[55]陈学海，卢双舫，薛海涛，等．地震属性技术在北乌斯丘尔特盆地侏罗系泥岩预测中的应用[J]．中国石油勘探，2011，16（2）：67～71．

[56]印兴耀，周静毅．地震属性优化方法综述[J]．石油地球物理勘探，2005，40（4）：482～489．

[57]高林，杨勤勇．地震属性技术的新进展[J]．石油物探，2004，43（S）：10～16．

[58]鲍祥生，尹成，赵伟，等．储层预测的地震属性优选技术研究[J]．石油物探，2006，45（1）：28～33．

[59]周静毅．MDI 地震属性技术在储层预测中的应用[J]．海洋石油，2008，28（3）：6～10．

[60]刘立峰，孙赞东，杨海军，等．缝洞型碳酸盐岩储层地震属性优化方法及应用[J]．石油地球物理勘探，2009，44（6）：747～754．

[61]张洪波，王纬，顾汉明．高精度地震属性储层预测技术研究[J]．天然气工业，2005，25（7）：35～37．

[62]秦月霜，陈显森，王彦辉．用优选后的地震属性参数进行储层预测[J]．大庆石油地质与开发，2000，19（6）：44～45．

[63]宫健，许淑梅，马云，等．基于地震属性的储层预测方法—以永安地区永3区块沙河街组二段为例[J]．海洋地质与第四纪地质，2009，29（6）：95～102．

[64]邵锐，孙彦彬，于海生，等．基于地震属性各向异性的火山机构识别技术[J]．地球物理学报，2011，54（2）：343～348．

[65]栾颖，冯晅，刘财，等．波阻抗反演技术的研究现状及发展[J]．吉林大学学报（地球科学版），2008，38（S）：94～98．

[66]卢占武，韩立国．波阻抗反演技术研究进展[J]．世界地质，2002，21（4）：372～376．

[67]邹冠贵，彭苏萍，张辉，等．地震递推反演预测深部灰岩富水区研究[J]．中国矿业大学学报，2009，38（3）：390～395．

[68]杨立强．测井约束地震反演综述[J]．地球物理学进展，2003，18（3）：530～534．

[69]杨绍国，杨长春．一种基于模型的波阻抗反演方法[J]．物探化探计算技术，1999，21（4）：330～338．

[70]张永华，步清华，杨春峰，等．测井宽带约束反演技术在油藏描述中的作用[J]．河南石油，1999，13（3）：1～5．

[71]刘莹．利用测井约束反演技术辨别气层与煤层[J]．石油物探，1999，38（4）：51～56．

[72]Backus GE, Gilbert JF. Numerical application of a formulism for geophysical inverse [J]. Geophys. J. R. astr. 1967, 13：247～276.

[73]马劲风,王学军,钟俊,等.测井资料约束的波阻抗反演中的多解性问题[J].石油与天然气地质,1999,20(1):7~10.

[74]刘春成,赵立,王春红,等.测井约束波阻抗反演及应用[J].中国海上油气(地质),2000,14(1):64~67.

[75]刘彦君,刘大锰,年静波,等.沉积规律控制下的测井约束波阻抗反演及其应用[J].大庆石油地质与开发,2007,26(5):133~137.

[76]王香文,刘红,滕彬彬,等.地质统计学反演技术在薄储层预测中的应用[J].石油与天然气地质,2012,33(5):730~735.

[77]何火华,李少华,杜家元,等.利用地质统计学反演进行薄砂体储层预测[J].物探与化探,2011,35(6):804~808.

[78]Rothman D H. Geostatistical inversion of 3 – D seismic data for thinsand delineation [J]. Geophysics, 1998, 51(2): 332~346.

[79]李方明.地质统计反演之随机地震反演方法—以苏 M 盆地 P 油田为例[J].石油勘探与开发,2007,34(4):451~455.

[80]孙思敏,彭仕宓.地质统计学反演方法及其在薄层砂体储层预测中的应用[J].西安石油大学学报(自然科学版),2007,22(1):41~44.

[81]孙思敏,彭仕宓.地质统计学反演及其在吉林扶余油田储层预测中的应用[J].物探与化探,2007,31(1):51~54.

[82]王家华,王镜惠,梅明华.地质统计学反演的应用研究[J].吐哈油气,2011,16(3):201~204.

[83]Dubrule O , Thibaut M, Lamy P, et al. Haas , Geostatistical reservoir aracterization constrained by 3d seismic data [J]. Petroleum science, 1998(4): 121~128.

[84]Haas A, Dubrule O. Geostatistical inversion – A sequential method for stochastic reservoir modeling constrained by seismic data[J]. First Break, 1994, 13(12): 561~569.

[85]宁松华,曹淼,刘雷颂,等.地质统计学反演在三道桥工区储层预测中的应用[J].石油天然气学报(江汉石油学院学报),2014,36(7):52~54.

[86]叶云飞,刘春成,刘志斌,等.地质统计学反演技术研究与应用[J].物探化探计算技术,2014,36(4):446~450.

[87]撒利明.基于信息融合理论和波动方程的地震地质统计学反演[J].成都理工大学学报(自然科学版),2003,30(1):60~63.

[88]苏云,李录明,钟峙,等.随机反演在储层预测中的应用[J].煤田地质与勘探,2009,37(6):63~66.

[89]张建林,吴胜和.应用随机模拟方法预测岩性圈闭[J].石油勘探与开发,2003,30(3):114~116.

[90]郑爱萍,刘春平.随机模拟在储层预测中的应用[J].江汉石油职工大学学报,2003,16

（3）：34～36.

[91]张志伟，王春生，林雅平，等．地震相控非线性随机反演在阿姆河盆地 A 区块碳酸盐岩储层预测中的应用[J]．石油地球物理勘探，2011，46(2)：304～310.

[92]周学先．地震储层裂缝发育带预测．中国石油勘探开发百科全书勘探卷[M]．北京：石油工业出版社，2008：997.

[93]王延光，杜启振．泥岩裂缝性储层地震勘探方法初探[J]．地球物理学进展，2006，21(2)：494～501.

[94]苏朝光，刘传虎，王军，等．相干分析技术在泥岩裂缝油气藏预测中的应用[J]．石油物探，2002，41(2)：197～201.

[95]张昕，郑晓东．裂缝发育带地震识别预测技术研究进展[J]．石油地球物理勘探，2005，40(6)：724～730.

[96]张广智，郑静静，印兴耀．基于 Curvelet 变换的多尺度性识别裂缝发育带[J]．石油地球物理勘探，2011，46(5)：757～762.

[97]王志君，黄军斌．利用相干技术和三维可视化技术识别微小断层和砂体[J]．石油地球物理勘探，2001，36(3)：378～381.

[98]余得平，曹辉，王咸彬．相干数据体及其在三维地震解释中的应用[J]．石油物探，1998，37(4)：75～79.

[99]孙夕平，杨国权．三维地震相干体技术在目标沉积相研究中的应用[J]．石油物探，2004，43(6)：591～594.

[100]覃天，刘立峰．多属性相干分析在预测储层裂缝发育带中的应用[J]．石油天然气学报（江汉石油学院学报），2008，30(6)：254～257.

[101]李玲，冯许魁．用地震相干数据体进行断层自动解释[J]．石油地球物理勘探，1998，33(S1)：105～111.

[102]胡伟光，蒲勇，赵卓男，等．川东北元坝地区长兴组生物礁的识别[J]．石油物探，2010，49(1)：46～53.

[103]胡伟光．相干体技术在川东北油气勘探中的应用[J]．物探化探计算技术，2010，49(1)：260～264.

[104]龚洪林，许多年，蔡刚．高分辨率相干体分析技术及其应用[J]．中国石油勘探，2008，32(3)：45～48.

[105]苏朝光，刘传虎，王军，等．相干分析技术在泥岩裂缝油气藏预测中的应用[J]．石油物探，2002，41(2)：197.

[106]刘传虎．地震相干分析技术在裂缝油气藏预测中的应用[J]．石油地球物理勘探，2001，36(2)：238.

[107]陶洪辉，秦国伟，徐文波，等．地层主曲率在研究储层裂缝发育中的应用[J]．新疆石油天然气，2005，1(2)：22～23，28.

[108]胡宗全，廖红伟. 分砂层地质曲率分析在裂缝预测中的应用[J]. 石油实验地质，2002，24(5)：450~454.

[109]王学军，陈汉林，王玉芹，等. 拟合曲率综合预测裂缝方法建立及其在陆西凹陷中的应用[J]. 浙江大学学报，2002，29(6)：712~719.

[110]王越之，宋金初，贺斌. 利用曲率法预测构造裂缝方向[J]. 江汉石油学院学报，2004，26(4)：52~53.

[111]Roberts A. Curvature attributes and their applicationto 3D interpreted horizons[J]. First Break，2001，19(2)：85~100.

[112]Sigismondi M E, Soldo J C. Curvature attributes and seismicint erpretation：Case studies from Argentina basins[J]. The Leading Edge，2003，22(11)：1112~1126.

[113]王有功，汪芯. 曲率法在尚家油田扶杨油层储层裂缝预测中的应用[J]. 科学技术与工程，2012，12(17)：4274~4277.

[114]黄伟传，杨长春，王彦飞. 利用叠前地震数据预测裂缝储层的应用研究[J]. 地球物理学进展，2007，22(5)：1602~1606.

[115]曲寿利，季玉新，王鑫，等. 全方位P波属性裂缝检测方法[J]. 石油地球物理勘探，2001，36(4)：390~397.

[116]石建新，王延光，毕丽飞，等. 多分量地震资料处理解释技术研究[J]. 地球物理学进展，2006，21(2)505~511.

[117]屠世杰，庞全康，王丽，等.YC地区转换波数据处理及裂隙预测[J]. 地球物理学进展，2006，21(2)：512~519.

[118]苏朝光，刘传虎，高秋菊. 泥岩裂缝储层特征参数提取及反演技术的应用[J]. 石油物探，2002，41(3)：339~342.

[119]李军，郝天珧，赵百民. 地震与测井数据综合预测裂缝发育带[J]. 地球物理学进展，2006，21(1)：179~183.

[120]李琼，李勇，李正文，等. 基于GA-BP理论的储层视裂缝密度地震非线性反演方法[J]. 地球物理学进展，2006，21(2)：465~471.

[121]王兴建，曹俊兴，李学民，等. 基于分形理论的地震裂缝检测方法[J]. 石油物探，2003，42(2)：191~195.

[122]朱兆林，赵爱国. 裂缝介质的纵波方位AVO反演研究[J]. 石油物探，2005，44(5)：499~503.

[123]莫午零，吴朝东. 裂缝性储层AVO模型研究[J]. 天然气工业，2007，27(2)：43~45.

[124]Liu E, Li X Y. Seismic detection of fluid saturation in aligned fractures[R].70 th Annual International SEGMeeting，Calgary，Canada，6~11 August，2000，2373~2375.

[125]Shen F, Toksoz N. Scattering Characteristics in Heterogeneous Fractured Reservoirs From Waveform Estimation[J]. Geophysical Journal International，2000，140：251~265.

[126] Thomsen L. Elastic anisotropy due to aligned cracks in porous rock [R]. Geophysical Prospecting, 1995, 43: 805~829.

[127] Shen F, Sierra J, Toksoz N. Offset – dependent attributes (AVO and FVO) applied to Fracture detection [R]. 69th Ann Internat Mtg, Soc. Exp l. Geophys, 776~779, 1999.

[128] Li X Y. Fractured reservoir delineation using multicomponent seismic data[J]. Geophysical Prospecting, 1997, 45 (1): 39~64.

[129] 曹均, 贺振华, 黄德济, 等. 裂缝储层地震波特征响应的物理模型实验研究 [J]. 勘探地球物理进展, 2003, 26 (2): 88~92.

[130] 凌云研究小组. 宽方位角地震勘探应用研究[J]. 石油地球物理勘探, 2003, 38 (4): 350~357.

[131] 刘云武, 齐振勤, 唐振国, 等. 海拉尔盆地乌东地区三维地震裂缝预测方法及应用[J]. 中国石油勘探, 2012, 17(1): 37~41.

[132] 杨鸿飞, 胡伟光, 范春华. 川东北 S 地区裂缝预测技术浅论[J]. 中国西部科技, 2012, 11(8): 5~6.

[133] 胡伟光, 刘珠江, 范春华, 等. 四川盆地 J 地区志留系龙马溪组页岩裂缝地震预测与评价[J]. 海相油气地质, 2014, 19 (4): 25~29.

[134] 乐绍东. AVA 裂缝检测技术在川西 JM 构造的应用[J]. 天然气工业, 2004, 24(4): 22~24.

[135] 甘其刚, 高志平. 宽方位 AVA 裂缝检测技术应用研究[J]. 天然气工业, 2005, 25(5): 42~43.

[136] 钟思瑛. 有限元应力法在构造裂缝预测中的应用[J]. 石油天然气学报, 2005, 27(4): 556~558.

[137] 张帆, 贺振华, 黄德济, 等. 预测裂隙发育带的构造应力场数值模拟技术[J]. 石油地球物理勘探, 2000, 35(2): 154~163.

[138] 李德同, 文世鹏. 储层构造裂缝的定量描述和预测方法[J]. 石油大学学报(自然科学版), 1999, 20(4): 6~10.

[139] 唐湘蓉, 李晶. 构造应力场有限元数值模拟在裂缝预测中的应用[J]. 特种油气藏, 2005, 12(2): 25~27.

[140] 王奕. 建南构造志留系应力场分析[J]. 江汉石油科技, 2008, 18 (4): 6~8.

[141] 边树涛, 董艳蕾, 郑浚茂. 地震波频谱衰减检测天然气技术应用研究[J]. 石油地球物理勘探, 2007, 42 (3): 296~300.

[142] 肖继林, 胡伟光, 肖伟. 川东北马路背地区须家河组储层综合预测[J]. 天然气技术, 2010, 4 (3): 17~18.

[143] 何又雄, 钟庆良. 地震波衰减属性在油气预测中的应用[J]. 江汉石油科技, 2007, 17 (3): 9~11.

[144] 查朝阳, FRS 培训教程整合版[M]. 北京: 恒泰艾普公司, 2005, 71~80.

[145]魏小东，张延庆，曹丽丽，等．地震资料振幅谱梯度属性在 WC 地区储层评价中的应用[J]．石油地球物理勘探，2011，46（2）：281～284．

[146]李曙光，徐天吉，唐建明，等．基于频率域小波的地震信号多子波分解及重构[J]．石油地球物理勘探，2009，46（6）：675～679．

[147]徐天吉，沈忠民，文雪康．多子波分解与重构技术应用研究[J]．成都理工大学学报，2010，37（6）：660～665．

[148]陈传仁，周熙襄．小波谱白化方法提高地震资料的分辨率[J]．石油地球物理勘探，2000，35（6）：703～709．

[149]张营，杨立英．反射系数反演方法研究及其在薄层识别中的应用[J]．山东化工，2015，44（4）：95～97，101．

[150]曹孟起，王九栓，邵林海．叠前弹性波阻抗反演技术及应用[J]．石油地球物理勘探，2006，41（3）：323～326．

[151]彭真明，李亚林，梁波，等．叠前弹性阻抗在储层气水识别中的应用[J]．天然气工业，2007，38（4）：43～45，52．

[152]Li X Y, Kühnel, T, MacBeth C. Mixed mode AVO response in fractured media[J]. Expanded Abstracts of 66th Annual Internat SEG Mtg, 1996, 1822～1825.

[153]刘卫华，高建虎，陈启艳，等．苏里格气田某工区储层预测可行性研究[J]．岩性油气藏，2009，21（2）：94～98．

[154]吴光大，徐尚成．AVO 技术在柴达木盆地东部天然气检测中的应用[J]．石油地球物理勘探，1994，29（增刊1）：24～31．

[155]史松群，赵玉华．苏里格气田 AVO 技术的研究与应用[J]．天然气工业，2002，22（6）：30～34．

[156]胡伟光，范春华，秦绪乾，等．AVO 技术在 YB 地区礁滩储层预测中的应用[J]．天然气勘探与开发，2011，34（1）：26～35．

[157]胡伟光，蒲勇，赵卓男，等．利用弹性参数预测礁、滩相储层[J]．石油地球物理勘探，2010，45（S1）：176～180．

[158]胡伟光，李发贵，杨鸿飞．叠前弹性波阻抗反演在四川 FL 地区礁滩型储层预测中的应用[J]．海相油气地质，2010，15（4）：62～67．

[159]胡伟光．AVO 技术在生物礁储层预测中的应用[J]．中国西部科技，2012，11（3）：7～8．

[160]范春华，胡伟光．M 地区须二段致密砂岩储层预测探讨[J]．中国西部科技，2015，14（11）：26～31．